NUKLEARER SCHUTZ: VORBEREITUNG FÜR BERLIN

Der umfassende Leitfaden zum Schutz Ihrer Familie in Krisenzeiten

Nuklearer Schutz: Vorbereitung für Berlin

Copyright © 2024 CICLEO Publishing
Alle Rechte vorbehalten.
ISBN: 9798327442016

Nuklearer Schutz: Vorbereitung für Berlin

Wenn Sie diese Seiten lesen, denken Sie daran, dass das Ziel dieses Buches nicht darin besteht, Angst zu erzeugen, sondern Ihnen Wissen und Strategien zu vermitteln, um Ihre Überlebenschancen zu erhöhen und Ihre Lieben im Falle eines Nuklearkonflikts zu schützen.

Nuklearer Schutz: Vorbereitung für Berlin

Nuklearer Schutz: Vorbereitung für Berlin

Inhaltsverzeichnis

1: Einleitung 3

2: Verstehen der Bedrohung 13

3: Vorbereitung im Voraus 24

4: Sicherheitsmaßnahmen zu Hause 40

5: Sofortmaßnahmen bei einem Angriff 55

6: Überleben nach dem Angriff 68

7: Technische Ausrüstung und ihre Nutzung 83

8: Gemeinschaftliche Unterstützung 95

9: Spezifische Überlebensstrategien für Berlin 107

10: Bildung und Training 122

11: Zukunftsplanung 134

12: Ressourcen und weiterführende Informationen 146

13: Schlusswort 160

Nuklearer Schutz: Vorbereitung für Berlin

Nuklearer Schutz: Vorbereitung für Berlin

DANK UND ANERKENNUNGEN

Dieses Buch ist meiner Frau und meinem Sohn gewidmet, in der Hoffnung, dass der Tag, an dem wir dieses Buch benutzen müssen, niemals kommen wird...

Nuklearer Schutz: Vorbereitung für Berlin

1: Einleitung

Ziel des Buches

Willkommen, zu "Überleben in Berlin: Ein Leitfaden zur Vorbereitung auf einen Nuklearschlag". Dieses Buch wurde geschrieben, um Ihnen und Ihrer Familie die bestmöglichen Chancen zu geben, im Falle eines nuklearen Angriffs zu überleben und sich zu erholen. Die Vorstellung eines nuklearen Angriffs ist erschreckend, aber Vorbereitung kann den entscheidenden Unterschied machen. Unser Ziel ist es, Ihnen mit verständlichen und praktischen Informationen zu helfen, sich auf das Unvorstellbare vorzubereiten.

Warum Berlin?

Berlin, die Hauptstadt Deutschlands, hat eine besondere geopolitische Bedeutung. In der Geschichte war Berlin oft ein Zentrum politischer Spannungen, und die derzeitigen internationalen Konflikte könnten dazu führen, dass die Stadt zu einem Ziel für mögliche Angriffe wird. Die Eskalation des Konflikts in der Ukraine und die daraus resultierenden Spannungen mit Russland haben diese Bedrohung realer gemacht als je zuvor. In solch unsicheren Zeiten ist es wichtig, vorbereitet zu sein.

Berlin ist eine Stadt voller Leben, Geschichte und Kultur. Ihre Vorbereitung schützt nicht nur Sie selbst, sondern auch die reiche Kultur und das Erbe, das Berlin ausmacht. Wenn wir gut vorbereitet sind, können wir diese großartige Stadt und ihre Bewohner besser schützen.

Grundlegende Überlegungen zu nuklearen Bedrohungen

Nuklearwaffen sind zerstörerisch. Ihre Auswirkungen umfassen eine enorme Explosion, intensive Hitze, tödliche Strahlung und weitreichende Umweltschäden. Doch es gibt Maßnahmen, die wir ergreifen können, um unsere Überlebenschancen zu erhöhen und die Folgen eines Angriffs zu mildern.

Die Geschichte hat gezeigt, dass Städte, die sich gut vorbereitet haben, in Krisenzeiten besser überstehen. Während des Kalten Krieges wurden viele Schutzräume in Berlin gebaut, und obwohl diese Strukturen alt sind, können sie immer noch wertvollen Schutz bieten. Dieses Buch wird Ihnen zeigen, wie Sie solche Ressourcen nutzen können.

Warum Vorbereitung wichtig ist

Vorbereitung kann Leben retten. Die erste Phase nach einem nuklearen Angriff ist entscheidend für das Überleben. Wissen Sie, wie Sie reagieren sollten, wo Sie Schutz suchen und wie Sie sich und Ihre Familie versorgen können? Wenn nicht, dann sind Sie gefährdet. Durch richtige Vorbereitung können Sie das Risiko verringern und die Überlebenschancen erhöhen.

In Berlin gibt es viele historische Beispiele für die Bedeutung der Vorbereitung. Während des Zweiten Weltkriegs wurden viele Berliner durch ihre Kenntnis der Luftschutzbunker und Notfallpläne gerettet. Diese historische Lektion zeigt, dass Vorbereitung nicht nur möglich, sondern notwendig ist.

Praktische Beispiele in Berlin

Um Ihnen zu veranschaulichen, wie Sie sich konkret vorbereiten können, hier einige Beispiele aus Berlin:

1. **Nutzung bestehender Schutzräume**: Viele alte U-Bahn-Stationen und Keller in Berlin wurden während des Kalten Krieges als Schutzräume ausgebaut. Beispielsweise ist die U-Bahn-Station Gesundbrunnen ein bekanntes Beispiel. Diese Orte können im Notfall als Schutzräume dienen. Informieren

sich über solche Orte in Ihrer Nähe und planen Sie, wie Sie sie im Ernstfall erreichen können.
2. **Vorräte lagern**: In Berliner Supermärkten finden Sie leicht zugängliche Vorräte, die in einem Notfall lebenswichtig sein können. Lagern Sie haltbare Lebensmittel und Wasser in ausreichender Menge für mindestens zwei Wochen. Denken Sie dabei an die Bedürfnisse Ihrer gesamten Familie, einschließlich spezieller Bedürfnisse von Kindern und älteren Menschen.
3. **Kommunikationsplanung**: Berlin bietet zahlreiche Möglichkeiten, mit Ihren Liebsten in Verbindung zu bleiben. Stellen Sie sicher, dass Sie Notfallkontakte in Ihrem Telefon gespeichert haben und wissen, wie Sie alternative Kommunikationsmittel wie Funkgeräte oder öffentliche Informationssysteme nutzen können.
4. **Gesundheitsvorsorge**: Die Charité und andere große Krankenhäuser in Berlin sind wichtige Anlaufstellen für medizinische Hilfe im Notfall. Lernen Sie grundlegende Erste-Hilfe-Techniken und haben Sie eine gut ausgestattete Hausapotheke bereit.

Der Wert der Gemeinschaft

In Krisenzeiten ist Gemeinschaftssinn unerlässlich. Berlin hat eine starke Tradition des Zusammenhalts, und das wird im Notfall von unschätzbarem Wert sein. Vernetzen Sie sich mit Ihren Nachbarn, bilden Sie gemeinsame Notfallpläne und unterstützen Sie sich gegenseitig.

Ein positives Beispiel ist die Nachbarschaftshilfe in den Berliner Bezirken. Initiativen wie "Kotti & Co" am Kottbusser Tor zeigen, wie stark gemeinschaftlicher Zusammenhalt sein kann. Nutzen Sie solche Netzwerke, um sich gegenseitig zu unterstützen und gemeinsam besser vorbereitet zu sein.

Hoffnung und Zuversicht

Obwohl das Thema nuklearer Bedrohung beängstigend ist, möchten wir Ihnen Mut machen. Vorbereitung ist der Schlüssel, um mit einer solchen Situation umzugehen. Mit den richtigen Informationen und einem klaren Plan können Sie und Ihre Familie sicherer und ruhiger durch diese unsicheren Zeiten kommen.

Wir hoffen, dass dieses Buch Ihnen nicht nur das Wissen vermittelt, das Sie benötigen, sondern auch das Vertrauen und die Zuversicht gibt, dass Sie in der Lage sind, Ihre Familie zu schützen und gemeinsam diese Herausforderung zu meistern.

Warum Berlin?

Eine Analyse der strategischen Bedeutung Berlins

Berlin, die pulsierende Hauptstadt Deutschlands, ist nicht nur ein Symbol der deutschen Wiedervereinigung, sondern auch ein wichtiger Knotenpunkt für politische, wirtschaftliche und kulturelle Aktivitäten in Europa. Diese strategische Bedeutung macht Berlin zu einem möglichen Ziel in einem geopolitischen Konflikt, insbesondere im Kontext der derzeitigen Spannungen zwischen Russland und dem Westen.

Politische Bedeutung

Berlin ist das Herz der deutschen Politik. Als Sitz der Bundesregierung, des Bundespräsidenten und zahlreicher Bundesministerien und Botschaften spielt die Stadt eine zentrale Rolle in der nationalen und internationalen Politik. Entscheidungen, die hier getroffen werden, haben oft weitreichende Auswirkungen auf ganz Europa und darüber hinaus. Ein Angriff auf Berlin würde nicht nur die Regierung destabilisieren, sondern auch ein starkes Zeichen der Macht und Einschüchterung senden.

Wirtschaftliche Bedeutung

Berlin ist ein bedeutendes wirtschaftliches Zentrum. Mit zahlreichen internationalen Unternehmen, Start-ups und einer florierenden Tech-Szene trägt die Stadt erheblich zur deutschen und europäischen Wirtschaft bei. Ein Angriff auf Berlin könnte die wirtschaftliche Stabilität Europas erschüttern und weitreichende Auswirkungen auf den globalen Markt haben. Zudem ist Berlin ein wichtiger Verkehrsknotenpunkt, mit einem der verkehrsreichsten Flughäfen und einem dichten Netz von Bahnverbindungen, die ganz Europa verbinden.

Kulturelle Bedeutung

Berlin ist bekannt für seine reiche Geschichte und sein kulturelles Erbe. Die Stadt beherbergt zahlreiche Museen, Theater, Opernhäuser und historische Stätten. Sie ist ein Symbol für Freiheit, Kreativität und Widerstandsfähigkeit, insbesondere nach dem Fall der Berliner Mauer. Ein Angriff auf Berlin würde nicht nur eine große menschliche Tragödie darstellen, sondern auch einen Angriff auf das kulturelle Erbe und die Werte Europas.

Geopolitische Lage und aktuelle Spannungen

Die geopolitische Lage Europas ist derzeit von erheblichen Spannungen geprägt. Der Krieg in der Ukraine hat die Beziehungen zwischen Russland und dem Westen auf einen neuen Tiefpunkt gebracht. Deutschland, als führende Macht in der Europäischen Union und starker Unterstützer der Ukraine, ist besonders betroffen. Die Nähe Deutschlands zu Russland und seine Rolle innerhalb der NATO machen es zu einem potenziellen Ziel in einem eskalierenden Konflikt.

Russland hat wiederholt seine militärischen Fähigkeiten demonstriert und verfügt über ein erhebliches Arsenal an Nuklearwaffen. Die politische Rhetorik und die militärischen Manöver Russlands haben gezeigt, dass die Bedrohung real ist. Berlin, als Symbol der westlichen Demokratie und Einflussnahme, könnte in einem solchen Konflikt als strategisches Ziel angesehen werden.

Historische Perspektive

Berlin hat eine lange Geschichte als Brennpunkt geopolitischer Spannungen. Während des Kalten Krieges war die Stadt geteilt und ein zentraler Schauplatz für den Konflikt zwischen Ost und West. Die Berliner Mauer, die die Stadt über 28 Jahre teilte, ist ein Zeugnis dieser Spannungen. Die Geschichte hat gezeigt, dass Berlin oft im Mittelpunkt internationaler Krisen stand, und dies könnte sich im Kontext eines modernen Konflikts wiederholen.

Beispielhafte Szenarien

1. **Politischer Angriff**: Ein gezielter Angriff auf Regierungsgebäude in Berlin könnte die deutsche Führung destabilisieren und die Reaktionsfähigkeit des Landes in einer Krise beeinträchtigen.
2. **Wirtschaftlicher Angriff**: Angriffe auf wirtschaftliche Zentren wie das Finanzviertel in Berlin-Mitte oder den Flughafen Berlin-Brandenburg könnten erhebliche wirtschaftliche Störungen verursachen.
3. **Kultureller Angriff**: Angriffe auf kulturelle Stätten wie die Museumsinsel oder das Brandenburger Tor würden nicht nur physische Zerstörung anrichten, sondern auch einen symbolischen Schlag gegen die kulturelle Identität Europas darstellen.

Vorbereitung und Resilienz

Die strategische Bedeutung Berlins unterstreicht die Notwendigkeit einer sorgfältigen Vorbereitung. Die Stadt verfügt über eine Vielzahl von Ressourcen und Infrastrukturen, die im Notfall genutzt werden können. Historische Bunker und moderne Schutzräume können bei entsprechender Vorbereitung lebensrettend sein. Zudem ist die

Nuklearer Schutz: Vorbereitung für Berlin

Vernetzung mit lokalen Behörden und Gemeinschaften entscheidend für eine koordinierte und effektive Reaktion.

Es ist wichtig, dass die Bewohner Berlins sich der möglichen Bedrohungen bewusst sind und sich entsprechend vorbereiten. Durch das Wissen um die strategische Bedeutung ihrer Stadt und die aktuellen geopolitischen Spannungen können Berliner besser auf eine mögliche Krise reagieren und ihre Chancen auf ein Überleben und eine schnelle Erholung verbessern.

Grundlegende Überlegungen zu nuklearen Bedrohungen

Erklärung der Grundprinzipien von Nuklearwaffen

Nuklearwaffen sind die zerstörerischen Waffen, die je entwickelt wurden. Sie nutzen die immense Energie, die bei nuklearen Reaktionen freigesetzt wird, um eine Explosion zu erzeugen, die sowohl durch ihre unmittelbare Zerstörungskraft als auch durch ihre langfristigen Auswirkungen auf Umwelt und Gesundheit verheerend ist. Um die Gefahr und die Schutzmaßnahmen besser zu verstehen, ist es wichtig, die Grundprinzipien dieser Waffen zu kennen.

Wie Nuklearwaffen funktionieren

Nuklearwaffen basieren auf zwei grundlegenden physikalischen Prozessen: Kernspaltung und Kernfusion.

1. **Kernspaltung (Fission):**
   - **Prinzip**: Bei der Kernspaltung wird der Kern eines schweren Atoms, typischerweise Uran-235 oder Plutonium-239, gespalten, indem er mit einem Neutron bombardiert wird. Diese Spaltung setzt eine große Menge Energie frei sowie zusätzliche Neutronen, die weitere Spaltungen auslösen können, wodurch eine Kettenreaktion entsteht.

- **Beispiel**: Die Atombombe "Little Boy", die 1945 auf Hiroshima abgeworfen wurde, basierte auf der Spaltung von Uran-235.
2. **Kernfusion (Fusion)**:
    - **Prinzip**: Bei der Kernfusion werden leichte Atomkerne, typischerweise Isotope von Wasserstoff (Deuterium und Tritium), bei hohen Temperaturen und Drücken zu schwereren Kernen verschmolzen. Diese Fusion setzt eine noch größere Menge Energie frei als die Kernspaltung.
    - **Beispiel**: Die Wasserstoffbombe (H-Bombe), wie diejenige, die 1952 von den USA getestet wurde, nutzt die Fusion von Deuterium und Tritium.

Arten von Nuklearwaffen

Es gibt verschiedene Arten von Nuklearwaffen, die auf diesen Prinzipien basieren:

1. **Atombomben (A-Bomben)**:
    - **Funktion**: Diese Waffen basieren ausschließlich auf Kernspaltung.
    - **Beispiel**: "Little Boy" (Uran-235) und "Fat Man" (Plutonium-239), die auf Hiroshima und Nagasaki abgeworfen wurden.
2. **Wasserstoffbomben (H-Bomben)**:
    - **Funktion**: Diese nutzen sowohl Kernspaltung als auch Kernfusion. Die Spaltungsreaktion dient dazu, die hohen Temperaturen und drücke zu erzeugen, die für die Fusion benötigt werden.
    - **Beispiel**: Die "Ivy Mike"-Bombe, die 1952 von den USA getestet wurde, war die erste erfolgreiche Wasserstoffbombe.
3. **Neutronenbomben**:
    - **Funktion**: Eine Art von Wasserstoffbombe, die so konstruiert ist, dass sie eine große Menge an Neutronenstrahlung freisetzt, um lebende Organismen zu töten, während materielle Strukturen weitgehend intakt bleiben.

Nuklearer Schutz: Vorbereitung für Berlin

- **Beispiel**: Diese Waffen wurden während des Kalten Krieges entwickelt, um gegnerische Truppen zu neutralisieren, ohne die Infrastruktur stark zu beschädigen.

4. **Schmutzige Bomben (Radiologische Dispersionsvorrichtungen)**:
   - **Funktion**: Obwohl keine echten Nuklearwaffen, sind schmutzige Bomben darauf ausgelegt, radioaktives Material mit konventionellen Sprengstoffen zu verbreiten.
   - **Beispiel**: Diese Waffen sind einfacher zu bauen und zielen darauf ab, Gebiete zu kontaminieren und Angst und Panik zu verbreiten.

Auswirkungen eines Nuklearschlags

Ein nuklearer Angriff hat verheerende unmittelbare und langfristige Auswirkungen:

1. **Explosion und Druckwelle**:
   - **Sofortige Zerstörung**: Die Explosionskraft zerstört alles in unmittelbarer Nähe des Einschlagspunktes.
   - **Druckwelle**: Diese breitet sich aus und kann Gebäude zum Einsturz bringen, Menschen töten und schwere Verletzungen verursachen.
2. **Hitzewelle**:
   - **Intensive Hitze**: Die freigesetzte Energie erzeugt Temperaturen, die alles im Umkreis von mehreren Kilometern entzünden können.
   - **Brandwunden**: Menschen können schwerste Verbrennungen erleiden, selbst wenn sie sich mehrere Kilometer vom Epizentrum entfernt befinden.
3. **Strahlung**:
   - **Akute Strahlung**: Sofortige Freisetzung von Gammastrahlen und Neutronen kann tödlich sein.
   - **Langfristige Strahlung**: Radioaktiver Niederschlag kontaminiert die Umgebung und kann langfristige gesundheitliche Schäden wie Krebs verursachen.
4. **Elektromagnetischer Impuls (EMP)**:
   - **Elektronikstörung**: Ein nuklearer EMP kann elektronische Geräte und Infrastruktur beschädigen, was zu

weitreichenden Kommunikations- und Stromausfällen führt.

Geopolitische Lage und aktuelle Spannungen

Die gegenwärtigen internationalen Spannungen, insbesondere der Konflikt in der Ukraine und die daraus resultierende Konfrontation mit Russland, erhöhen das Risiko eines nuklearen Konflikts. Russland verfügt über ein umfangreiches Arsenal an Nuklearwaffen und hat in der Vergangenheit seine Bereitschaft gezeigt, diese im Rahmen seiner Verteidigungsstrategie zu berücksichtigen. Diese geopolitischen Realitäten machen es umso wichtiger, dass wir uns auf die Möglichkeit eines nuklearen Angriffs vorbereiten.

Fazit

Das Verständnis der Funktionsweise von Nuklearwaffen und ihrer zerstörerischen Kapazitäten ist der erste Schritt zur Vorbereitung auf eine nukleare Bedrohung. Dieses Wissen, kombiniert mit praktischen Vorsichtsmaßnahmen und strategischer Planung, kann dazu beitragen, die Überlebenschancen im Falle eines Angriffs zu erhöhen. Im nächsten Kapitel werden wir uns mit der konkreten Vorbereitung auf einen möglichen nuklearen Angriff befassen und wie Sie und Ihre Familie sich darauf vorbereiten können.

2: Verstehen der Bedrohung
Geschichte und Hintergründe nuklearer Konflikte

Die Geschichte der nuklearen Waffen ist eine Geschichte der Spannung, Abschreckung und der Hoffnung auf nie eintretende Katastrophen. Ein Blick auf diese Geschichte und die Hintergründe hilft uns, die Bedrohung besser zu verstehen und die Bedeutung der Vorbereitung zu erkennen.

Die Entstehung der Nuklearwaffen

Die Entwicklung der Nuklearwaffen begann im Zweiten Weltkrieg mit dem Manhattan-Projekt, einem geheimen US-amerikanischen Forschungsprojekt, das die erste Atombombe hervorbrachte. Am 16. Juli 1945 wurde die erste Atombombe, genannt "Trinity", in der Wüste von New Mexico getestet. Kurz danach wurden die Bomben "Little Boy" und "Fat Man" auf Hiroshima und Nagasaki abgeworfen, was den Zweiten Weltkrieg beendete, aber den Beginn des nuklearen Zeitalters markierte.

Der Kalte Krieg: Eine Ära der nuklearen Bedrohung

Nach dem Zweiten Weltkrieg entwickelten die Vereinigten Staaten und die Sowjetunion ihre eigenen umfangreichen Arsenale an Nuklearwaffen. Der Kalte Krieg (1947-1991) war geprägt von einem ständigen Wettrüsten und der Angst vor einem nuklearen Schlagabtausch. Mehrere wichtige Ereignisse und Konzepte prägten diese Zeit:

1. **Die Kubakrise (1962)**:
    - Die Kubakrise war eine der gefährlichsten Episoden des Kalten Krieges. Sie begann, als die USA entdeckten, dass die Sowjetunion ballistische Raketen auf Kuba stationiert hatte. Dies führte zu einer zweiwöchigen Konfrontation, die die Welt an den Rand eines Atomkrieges brachte, bis eine diplomatische Lösung gefunden wurde.

2. **Die Doktrin der gegenseitigen gesicherten Zerstörung (MAD):**
   - Diese Doktrin besagte, dass ein nuklearer Angriff auf eine der Supermächte eine sofortige und vollständige Vergeltung zur Folge hätte, was zur Zerstörung beider Parteien führen würde. Diese Abschreckungsstrategie sollte den Einsatz von Nuklearwaffen verhindern.
3. **Abrüstungsverträge:**
   - Mehrere Abrüstungsabkommen wurden während und nach dem Kalten Krieg unterzeichnet, um die Anzahl der Nuklearwaffen zu begrenzen und das Risiko eines nuklearen Krieges zu reduzieren. Wichtige Verträge sind unter anderem der Vertrag über die Nichtverbreitung von Kernwaffen (NPT, 1968), die Strategic Arms Limitation Talks (SALT) und die Strategic Arms Reduction Treaty (START).

Post-Kalter Krieg: Neue Herausforderungen

Nach dem Ende des Kalten Krieges nahm die Bedrohung durch einen globalen nuklearen Konflikt ab, aber neue Herausforderungen traten auf:

1. **Nukleare Proliferation:**
   - Mehr Länder haben versucht, Nuklearwaffen zu entwickeln oder zu erwerben, darunter Nordkorea und Iran. Diese Entwicklungen erhöhen das Risiko von regionalen Konflikten mit nuklearen Dimensionen.
2. **Terrorismus:**
   - Die Möglichkeit, dass terroristische Gruppen in den Besitz von Nuklearwaffen oder radiologischem Material gelangen könnten, stellt eine neue Bedrohung dar. Dies erfordert eine verstärkte internationale Zusammenarbeit, um nukleares Material zu sichern.
3. **Modernisierung von Arsenalen:**
   - Trotz der Abrüstungsbemühungen modernisieren Länder wie die USA, Russland, China, Indien und Pakistan ihre Nukleararsenale, was zu neuen Spannungen und einem möglichen neuen Wettrüsten führt.

Nuklearer Schutz: Vorbereitung für Berlin

Aktuelle geopolitische Spannungen

Die Eskalation des Konflikts in der Ukraine und die wachsenden Spannungen zwischen Russland und dem Westen haben die nukleare Bedrohung erneut in den Vordergrund gerückt. Die russische Doktrin erlaubt den Einsatz von Nuklearwaffen in extremen Situationen, was die Unsicherheit erhöht.

1. **Russland und die NATO:**
   - Die Beziehungen zwischen Russland und der NATO sind aufgrund der Ukraine-Krise angespannt. Beide Seiten haben ihre militärische Präsenz in Osteuropa erhöht, und es gibt Bedenken, dass Missverständnisse oder Fehlkalkulationen zu einer Eskalation führen könnten.
2. **Globale Unsicherheiten:**
   - Neben der direkten Bedrohung durch Russland bestehen auch globale Unsicherheiten durch andere Nuklearstaaten und Konfliktregionen. Insbesondere Nordkorea und Iran bleiben potenzielle Hotspots.

Beispielhafte nukleare Konfliktszenarien

Um die Bedrohung zu verdeutlichen, hier einige hypothetische Szenarien:

1. **Regionalkonflikt in Osteuropa:**
   - Eine Eskalation der Feindseligkeiten in der Ukraine könnte dazu führen, dass Russland taktische Nuklearwaffen einsetzt, um einen schnellen militärischen Vorteil zu erzielen.
2. **Terroristischer Angriff:**
   - Eine terroristische Gruppe könnte eine sogenannte "schmutzige Bombe" (Radiologische Dispersionsvorrichtung) in einer großen Stadt wie Berlin zünden, um Panik und Chaos zu verursachen.
3. **Fehlkalkulation und Eskalation:**
   - Militärische Übungen oder Manöver könnten missverstanden werden und zu einem unbeabsichtigten

Konflikt führen, bei dem Nuklearwaffen zum Einsatz kommen.

Fazit

Die Geschichte und die aktuellen geopolitischen Spannungen verdeutlichen, dass die Bedrohung durch Nuklearwaffen real und anhaltend ist. Die Ereignisse der Vergangenheit und die gegenwärtigen Herausforderungen machen deutlich, dass Vorbereitung entscheidend ist. Mit einem klaren Verständnis der Bedrohung und gut durchdachten Maßnahmen können wir die Risiken minimieren und unsere Chancen auf ein Überleben und eine rasche Erholung im Falle eines nuklearen Konflikts erhöhen.

Im nächsten Kapitel werden wir uns darauf konzentrieren, wie Sie und Ihre Familie sich konkret vorbereiten können, um im Ernstfall bestmöglich geschützt zu sein.

Mögliche Szenarien eines nuklearen Angriffs auf Berlin

Die Vorstellung eines nuklearen Angriffs auf Berlin ist erschreckend, aber um vorbereitet zu sein, ist es wichtig, sich mögliche Szenarien vorzustellen und deren Auswirkungen zu verstehen. Diese Szenarien helfen uns, konkrete Maßnahmen zur Vorbereitung und zum Schutz zu entwickeln. Hier sind einige der realistischeren Szenarien, die Berlin betreffen könnten:

1. Taktischer Nuklearschlag

Ein taktischer Nuklearschlag ist ein Einsatz von kleineren, militärisch eingesetzten Nuklearwaffen, die auf spezifische Ziele gerichtet sind, um einen strategischen Vorteil zu erzielen.

- **Ziel**: Militärische Einrichtungen oder strategische Infrastrukturen.
- **Beispiel**: Ein Angriff könnte auf das Regierungsviertel oder militärische Kommandostellen in Berlin abzielen.
- **Auswirkungen**:

- **Direkte Zerstörung**: Massive Schäden an Gebäuden und Infrastruktur.
- **Strahlung**: Hohe Strahlenbelastung in der unmittelbaren Umgebung.
- **Verletzungen und Todesopfer**: Hohe Anzahl an Opfern aufgrund der Explosion, Hitze und Strahlung.
- **Panik und Chaos**: Sofortige Panik und Chaos unter der Bevölkerung.

2. Großflächiger Angriff

Ein großflächiger Angriff wäre der Einsatz einer strategischen Nuklearwaffe, die auf eine ganze Stadt oder einen großen Teil davon abzielt.

- **Ziel**: Zentrale Stadtbereiche oder dicht besiedelte Gebiete.
- **Beispiel**: Eine strategische Nuklearwaffe könnte auf das Stadtzentrum von Berlin abgeworfen werden, um maximale Zerstörung zu verursachen.
- **Auswirkungen**:
    - **Zerstörung**: Vollständige Zerstörung von Stadtteilen, einschließlich Wohngebieten, Schulen und Krankenhäusern.
    - **Hitzewelle**: Intensive Hitzewellen, die Brände auslösen und große Teile der Stadt in Brand setzen.
    - **Strahlenbelastung**: Weitreichende Strahlenbelastung, die langfristige gesundheitliche Folgen haben kann.
    - **Massenpanik**: Weit verbreitete Panik und Chaos, Zusammenbruch der öffentlichen Ordnung und Versorgungssysteme.

3. Elektromagnetischer Impuls (EMP)

Ein EMP-Angriff würde eine Nuklearwaffe in großer Höhe zur Detonation bringen, um einen elektromagnetischen Impuls zu erzeugen, der elektronische Geräte und Infrastruktur zerstört.

- **Ziel**: Elektronische und elektrische Infrastrukturen.

- **Beispiel**: Eine Nuklearwaffe wird in der Atmosphäre über Berlin zur Detonation gebracht.
- **Auswirkungen**:
    - **Elektronikstörung**: Massive Störungen und Ausfälle von elektronischen Geräten, Kommunikationssystemen und Stromnetzen.
    - **Infrastrukturausfälle**: Zusammenbruch kritischer Infrastrukturen wie Transport, Gesundheitswesen und Wasserversorgung.
    - **Panik und Chaos**: Erhebliche Störungen im täglichen Leben, Panik und Unruhe aufgrund des Ausfalls moderner Technologien.

4. Terroristischer Angriff mit einer schmutzigen Bombe

Eine schmutzige Bombe ist eine Kombination aus konventionellem Sprengstoff und radioaktivem Material, die darauf abzielt, radioaktive Kontamination zu verbreiten.

- **Ziel**: Öffentliche Orte mit hoher Bevölkerungsdichte.
- **Beispiel**: Ein Angriff könnte auf einen belebten Platz wie den Alexanderplatz oder ein großes Einkaufszentrum abzielen.
- **Auswirkungen**:
    - **Explosion**: Relativ kleine konventionelle Explosion.
    - **Radioaktive Kontamination**: Weitreichende Kontamination durch freigesetztes radioaktives Material, was zu langfristigen Gesundheitsrisiken führt.
    - **Panik und Evakuierung**: Sofortige Panik und mögliche Evakuierungen großer Stadtteile.

5. Angriff auf kritische Infrastrukturen

Ein gezielter Angriff auf kritische Infrastrukturen könnte darauf abzielen, die funktionale Integrität der Stadt zu stören und große Teile der Bevölkerung zu beeinträchtigen.

- **Ziel**: Infrastrukturelle Einrichtungen wie Wasserwerke, Stromversorgung oder Kommunikationszentren.

- **Beispiel**: Ein gezielter Angriff auf das Kraftwerk Klingenberg oder das Wasserwerk Tegel.
- **Auswirkungen**:
  - **Versorgungsstörungen**: Massive Störungen der Strom-, Wasser- und Kommunikationsversorgung.
  - **Gesundheitsrisiken**: Erhöhte Gesundheitsrisiken durch den Ausfall der Wasser- und Stromversorgung.
  - **Wirtschaftliche Schäden**: Langfristige wirtschaftliche Schäden und Beeinträchtigung der öffentlichen Dienstleistungen.

6. Angriff auf Regierungs- und Verwaltungsgebäude

Ein Angriff, der darauf abzielt, die Regierungsfähigkeit zu destabilisieren und Panik in der Bevölkerung zu erzeugen.

- **Ziel**: Regierungsgebäude und Verwaltungszentren.
- **Beispiel**: Ein Angriff auf den Reichstag, das Bundeskanzleramt oder das Auswärtige Amt.
- **Auswirkungen**:
  - **Politische Instabilität**: Schwere politische Instabilität und Funktionsstörungen der Regierung.
  - **Symbolische Wirkung**: Erhebliche symbolische Wirkung, die Vertrauen und Moral der Bevölkerung erschüttert.
  - **Langfristige Folgen**: Langfristige politische und gesellschaftliche Folgen durch den Verlust wichtiger Führungspersonen und Institutionen.

Fazit

Diese möglichen Szenarien verdeutlichen die Vielfalt und das Ausmaß der Bedrohungen, denen Berlin ausgesetzt sein könnte. Jedes Szenario hat spezifische Herausforderungen und erfordert maßgeschneiderte Vorbereitungs- und Schutzmaßnahmen. Im nächsten Kapitel werden wir detaillierte Maßnahmen zur Vorbereitung und zum Schutz besprechen, um sicherzustellen, dass Sie und Ihre Familie bestmöglich gerüstet sind, um eine solche Katastrophe zu überstehen.

Auswirkungen eines Nuklearschlags: Physisch und psychisch

Ein nuklearer Angriff hat verheerende unmittelbare und langfristige Auswirkungen sowohl auf die physische Gesundheit als auch auf das psychische Wohlbefinden der betroffenen Bevölkerung. Das Verständnis dieser Auswirkungen ist entscheidend, um sich angemessen vorbereiten und geeignete Maßnahmen zum Schutz und zur Unterstützung ergreifen zu können.

Physische Auswirkungen

1. **Explosionsschaden**
   - **Druckwelle**: Die Explosion einer Nuklearwaffe erzeugt eine massive Druckwelle, die Gebäude zerstört, Menschen verletzt und Fahrzeuge umwirft. Die Druckwelle kann Fenster zerbrechen, Wände einstürzen lassen und schwere Trümmer erzeugen.
   - **Beispiel**: In einem Umkreis von mehreren Kilometern um das Epizentrum der Explosion würde fast jede Struktur zerstört oder schwer beschädigt werden.
2. **Hitzewelle**
   - **Verbrennungen**: Die extrem hohe Temperatur der Explosion verursacht sofortige Verbrennungen dritten Grades bei Menschen und Tieren im Umkreis. Auch Brände können ausgelöst werden, die sich schnell ausbreiten und zu großflächiger Zerstörung führen.
   - **Beispiel**: Menschen, die sich im Freien befinden, könnten schwerste Verbrennungen erleiden, selbst wenn sie sich mehrere Kilometer vom Epizentrum entfernt befinden.
3. **Strahlenbelastung**
   - **Akute Strahlenkrankheit**: Die unmittelbare Freisetzung ionisierender Strahlung kann zu akuter Strahlenkrankheit führen, deren Symptome Übelkeit, Erbrechen, Haarausfall und innere Blutungen umfassen. Hohe Dosen können innerhalb von Stunden bis Tagen tödlich sein.
   - **Langfristige Gesundheitsprobleme**: Langfristige Strahlenbelastung kann zu Krebs, genetischen Schäden und

anderen chronischen Krankheiten führen. Schilddrüsenkrebs, Leukämie und Lungenkrebs sind besonders häufige Spätfolgen.
- **Beispiel**: Überlebende der Atombombenangriffe auf Hiroshima und Nagasaki zeigten erhöhte Raten von Krebs und anderen strahlenbedingten Krankheiten Jahrzehnte nach der Exposition.

4. **Radioaktiver Niederschlag (Fallout)**
   - **Kontamination**: Radioaktiver Niederschlag verteilt sich über große Gebiete und kontaminiert Boden, Wasser und Nahrungsmittel. Die Aufnahme kontaminierter Nahrung oder Wasser kann zu innerer Strahlenexposition führen.
   - **Langfristige Unbewohnbarkeit**: Schwer kontaminierte Gebiete könnten über Jahrzehnte hinweg unbewohnbar bleiben.
   - **Beispiel**: Nach der Nuklearkatastrophe von Tschernobyl wurden große Teile des umliegenden Gebiets evakuiert und sind bis heute unbewohnbar.

Psychische Auswirkungen

1. **Akute psychische Reaktionen**
   - **Schock und Verwirrung**: Unmittelbar nach einem Angriff können Menschen Schock, Verwirrung und Desorientierung erleben. Diese Reaktionen können durch den Verlust von Angehörigen, Verletzungen und die Zerstörung des persönlichen Umfelds verstärkt werden.
   - **Beispiel**: Nach den Angriffen auf Hiroshima und Nagasaki berichteten Überlebende von einem Gefühl der Benommenheit und Orientierungslosigkeit, das Stunden bis Tage anhielt.

2. **Posttraumatische Belastungsstörung (PTBS)**
   - **Langfristige Traumafolgen**: Viele Überlebende eines Nuklearschlags entwickeln PTBS, eine schwere psychische Erkrankung, die durch wiederkehrende Erinnerungen an das Trauma, Albträume, Angstzustände und emotionale Taubheit gekennzeichnet ist.
   - **Beispiel**: Überlebende von Hiroshima und Nagasaki haben oft über Jahrzehnte hinweg mit PTBS und anderen Trauma bedingten Störungen zu kämpfen.

3. **Angst und Depression**
   - **Chronische Angst**: Die ständige Angst vor einem erneuten Angriff, gesundheitlichen Problemen und dem Leben in einer kontaminierten Umgebung kann zu chronischen Angstzuständen führen.
   - **Depression**: Der Verlust von Angehörigen, Freunden, Heimat und Lebensgrundlagen kann tiefe Depressionen auslösen.
   - **Beispiel**: In Studien nach der Tschernobyl-Katastrophe wurde festgestellt, dass viele Betroffene unter chronischer Angst und Depression litten.
4. **Soziale Isolation und Stigmatisierung**
   - **Isolation**: Überlebende können sich isoliert fühlen, entweder durch die physische Entfernung von ihren Gemeinschaften oder durch das Stigma der Strahlenexposition.
   - **Stigmatisierung**: In einigen Kulturen können Überlebende stigmatisiert werden, weil sie als „verstrahlt" oder „krank" betrachtet werden.
   - **Beispiel**: Überlebende von Hiroshima und Nagasaki, auch Hibakusha genannt, wurden in der japanischen Gesellschaft oft stigmatisiert und diskriminiert.

Bewältigungsstrategien und Unterstützung

1. **Physische Schutzmaßnahmen**
   - **Schutzräume**: Bau und Nutzung von Schutzräumen können das Überleben in der unmittelbaren Phase nach dem Angriff sichern.
   - **Dekontamination**: Sofortige Maßnahmen zur Dekontamination können die Strahlenbelastung verringern und das Risiko von Strahlenkrankheiten mindern.
2. **Psychologische Unterstützung**
   - **Krisenintervention**: Sofortige psychologische Hilfe kann helfen, akute psychische Reaktionen zu bewältigen.
   - **Langfristige Therapie**: Zugang zu langfristiger psychologischer Betreuung und Therapie ist entscheidend, um mit PTBS, Angst und Depression umzugehen.
3. **Gemeinschaftliche Unterstützung**

- **Nachbarschaftshilfe**: Starke Gemeinschaften können sich gegenseitig unterstützen, sei es durch materielle Hilfe, emotionale Unterstützung oder die gemeinsame Nutzung von Ressourcen.
- **Selbsthilfegruppen**: Überlebende können sich in Selbsthilfegruppen organisieren, um Erfahrungen zu teilen und sich gegenseitig zu unterstützen.

Fazit

Die physischen und psychischen Auswirkungen eines nuklearen Angriffs sind immens und langanhaltend. Ein umfassendes Verständnis dieser Auswirkungen und die Entwicklung effektiver Schutz- und Unterstützungsstrategien sind entscheidend, um das Überleben und die langfristige Erholung zu sichern. Im nächsten Kapitel werden wir uns mit konkreten Maßnahmen zur Vorbereitung im Voraus befassen, um die Auswirkungen eines solchen Angriffs zu minimieren.

3: Vorbereitung im Voraus
Erstellung eines Notfallplans für die Familie

Ein gut durchdachter Notfallplan ist entscheidend, um in einer Krisensituation schnell und effektiv reagieren zu können. Dieser Plan sollte spezifisch auf die Bedürfnisse und Umstände Ihrer Familie abgestimmt sein und regelmäßig überprüft und geübt werden. Im Folgenden finden Sie eine detaillierte Anleitung zur Erstellung eines Notfallplans für Ihre Familie.

Schritt-für-Schritt-Anleitung zur Erstellung eines Notfallplans

1. **Gefahrenanalyse**
    - **Identifizierung von Risiken**: Berücksichtigen Sie verschiedene Szenarien, einschließlich eines nuklearen Angriffs, und bewerten Sie die spezifischen Risiken für Ihre Region und Ihr Zuhause.
    - **Informationsquellen**: Nutzen Sie Informationen von Behörden wie dem Bundesamt für Bevölkerungsschutz und Katastrophenhilfe (BBK) sowie lokale Warnsysteme.
2. **Kommunikationsplan**
    - **Kontaktinformationen**: Erstellen Sie eine Liste mit den wichtigsten Telefonnummern (Familienmitglieder, Nachbarn, Notrufnummern).
    - **Kommunikationsmittel**: Stellen Sie sicher, dass alle Familienmitglieder wissen, wie sie alternative Kommunikationsmittel (z. B. Funkgeräte, Notfall-SMS) nutzen können, falls die normalen Kommunikationskanäle ausfallen.
    - **Treffpunkte**: Legen Sie zwei Treffpunkte fest – einen in der Nähe Ihres Zuhauses und einen außerhalb Ihres Viertels, falls der erste nicht erreichbar ist.
3. **Evakuierungsplan**
    - **Fluchtwege**: Identifizieren und markieren Sie die sichersten und schnellsten Fluchtwege aus Ihrem Zuhause und Ihrem Viertel.

Nuklearer Schutz: Vorbereitung für Berlin

- **Evakuierungsziele**: Bestimmen Sie sichere Orte, an denen Sie und Ihre Familie Zuflucht finden können (z. B. Verwandte, Freunde, öffentliche Schutzräume).

4. **Notfallversorgung**
   - **Vorräte anlegen**: Stellen Sie sicher, dass Sie ausreichend Wasser, Lebensmittel und medizinische Vorräte für mindestens zwei Wochen lagern.
     - **Wasser**: Mindestens drei Liter pro Person und Tag.
     - **Lebensmittel**: Nicht verderbliche, leicht zuzubereitende Lebensmittel.
     - **Medikamente**: Vorräte für alle verschreibungspflichtigen Medikamente, die regelmäßig eingenommen werden müssen.
   - **Erste-Hilfe-Kasten**: Ein gut ausgestatteter Erste-Hilfe-Kasten sollte leicht zugänglich sein.

5. **Schutzraum einrichten**
   - **Ort wählen**: Wählen Sie einen Raum im Inneren Ihres Hauses, der möglichst weit von Fenstern und Außenwänden entfernt ist.
   - **Abdichten**: Dichten Sie Fenster und Türen ab, um das Eindringen von radioaktivem Niederschlag zu verhindern.
   - **Ausrüstung**: Statten Sie den Raum mit notwendigen Vorräten, Kommunikationsmitteln und Schutzkleidung aus.

6. **Trainings und Übungen**
   - **Regelmäßige Übungen**: Führen Sie regelmäßige Übungen durch, um sicherzustellen, dass alle Familienmitglieder wissen, was im Notfall zu tun ist.
   - **Szenarien durchspielen**: Üben Sie verschiedene Szenarien, um die Reaktionsfähigkeit zu verbessern und Schwachstellen im Plan zu identifizieren.

7. **Dokumentation und Information**
   - **Notfalldokumente**: Halten Sie Kopien wichtiger Dokumente bereit (Ausweise, Versicherungsdokumente, medizinische Unterlagen).
   - **Informationsquellen**: Halten Sie aktuelle Informationen und Anweisungen von Behörden bereit und verfolgen Sie offizielle Warnungen und Hinweise.

Beispielhafter Notfallplan für eine Familie in Berlin

Nuklearer Schutz: Vorbereitung für Berlin

Familie Müller – Notfallplan

1. **Gefahrenanalyse**
   - **Risiken**: Nuklearer Angriff, Naturkatastrophen, Stromausfall
   - **Informationsquellen**: BBK, lokale Nachrichten, Warn-Apps (z. B. NINA)
2. **Kommunikationsplan**
   - **Kontaktinformationen**:
     - Mutter: 0171 2345678
     - Vater: 0171 8765432
     - Tochter (Anna): 0171 1122334
     - Nachbarn (Familie Schmidt): 0171 4433221
   - **Kommunikationsmittel**:
     - Hauptkommunikation: Mobiltelefon
     - Alternative: Walkie-Talkies (Reichweite 5 km)
   - **Treffpunkte**:
     - Primär: Spielplatz in der Berliner Allee (500 m von zu Hause)
     - Sekundär: Haus der Großeltern in Potsdam
3. **Evakuierungsplan**
   - **Fluchtwege**:
     - Primär: Haustür – Treppenhaus – Straßenseite
     - Sekundär: Balkon – Notleiter – Hinterhof
   - **Evakuierungsziele**:
     - Verwandte in Potsdam
     - Öffentlicher Schutzraum im Rathaus Pankow
4. **Notfallversorgung**
   - **Vorräte**:
     - Wasser: 60 Liter (für 4 Personen, 5 Tage)
     - Lebensmittel: Konserven, Trockenfrüchte, Nüsse
     - Medikamente: Asthmamedikamente für Anna, Blutdrucktabletten für Vater
   - **Erste-Hilfe-Kasten**:
     - Verbandmaterial, Desinfektionsmittel, Schmerzmittel, Schere, Pinzette
5. **Schutzraum einrichten**
   - **Ort**: Kellerraum unter dem Wohngebäude
   - **Abdichten**: Klebeband und Plastikfolie für Fenster und Türen

- Ausrüstung: Taschenlampe, Batterien, Radio, Schutzkleidung, Decken
6. **Trainings und Übungen**
    - Übungen:
        - Halbjährliche Evakuierungsübungen
        - Monatliche Kommunikationstests mit Walkie-Talkies
    - Szenarien:
        - Notfall bei Nacht
        - Kommunikation während eines Stromausfalls
7. **Dokumentation und Information**
    - Notfalldokumente:
        - Kopien von Ausweisen, Versicherungsdokumenten, medizinischen Unterlagen in wasserdichter Hülle
    - Informationsquellen:
        - NINA-Warn-App auf allen Handys installiert
        - UKW-Radio für Notfallnachrichten

Fazit

Die Erstellung eines detaillierten und gut durchdachten Notfallplans ist ein wesentlicher Schritt zur Vorbereitung auf eine nukleare Bedrohung. Indem Sie und Ihre Familie die Schritte zur Gefahrenanalyse, Kommunikationsplanung, Evakuierung, Notfallversorgung, Schutzraumeinrichtung, regelmäßigen Übungen und Dokumentation befolgen, erhöhen Sie Ihre Chancen, sicher und gut vorbereitet durch eine Krise zu kommen. Der nächste Schritt besteht darin, sicherzustellen, dass alle Familienmitglieder den Plan kennen und sich regelmäßig mit ihm vertraut machen.

Notwendige Vorräte und deren Lagerung

Die richtige Auswahl und Lagerung von Vorräten ist entscheidend, um während einer nuklearen Krise oder eines anderen Notfalls überlebensfähig zu bleiben. Diese Vorräte sollten Ihre Grundbedürfnisse für mindestens zwei Wochen decken. Im

Nuklearer Schutz: Vorbereitung für Berlin

Folgenden finden Sie eine detaillierte Liste der notwendigen Vorräte und Tipps zur richtigen Lagerung.

1. Wasser

Menge:

- Mindestens drei Liter pro Person und Tag (für Trinken und Hygiene).

Lagerung:

- **Behälter**: Verwenden Sie lebensmittelechte Plastikflaschen oder Glasbehälter. Kaufen Sie vorgefüllte Wasserflaschen oder füllen Sie saubere Behälter mit Leitungswasser.
- **Platzierung**: Lagern Sie das Wasser an einem kühlen, dunklen Ort, um Algenwachstum zu verhindern.
- **Haltbarkeit**: Wechseln Sie das Wasser alle sechs Monate, um es frisch zu halten.

2. Lebensmittel

Nicht verderbliche Lebensmittel:

- **Trocken- und Dosenwaren**: Konserven (Gemüse, Obst, Fleisch, Fisch), getrocknete Bohnen, Reis, Nudeln.
- **Snacks**: Müsliriegel, Trockenfrüchte, Nüsse.
- **Milchprodukte**: Haltbare Milch, Milchpulver.
- **Babynahrung**: Falls erforderlich, genügend Babynahrung und -milch.

Lagerung:

- **Behälter**: Bewahren Sie Lebensmittel in luftdichten Behältern auf, um sie vor Feuchtigkeit und Schädlingen zu schützen.
- **Platzierung**: Lagern Sie Lebensmittel in einem kühlen, trockenen und dunklen Raum. Vermeiden Sie direkte Sonneneinstrahlung.

- **Haltbarkeit**: Überprüfen Sie regelmäßig das Verfallsdatum und verbrauchen Sie Lebensmittel, bevor sie schlecht werden. Rotieren Sie Ihre Vorräte, indem Sie neue Lebensmittel hinter älteren Platzieren.

3. Medizinische Versorgung

Grundausstattung:

- **Erste-Hilfe-Kasten**: Verbandmaterial, Desinfektionsmittel, Schmerzmittel, Schere, Pinzette, Thermometer, Handschuhe.
- **Verschreibungspflichtige Medikamente**: Genügend Vorrat für mindestens zwei Wochen, einschließlich Anweisungen zur Anwendung.
- **Spezielle Bedürfnisse**: Medizinische Ausrüstung oder Medikamente für spezielle gesundheitliche Bedürfnisse (z.B. Asthma, Diabetes).

Lagerung:

- **Behälter**: Bewahren Sie Medikamente in ihren Originalverpackungen auf, um Verwechslungen zu vermeiden.
- **Platzierung**: Lagern Sie Medikamente an einem kühlen, trockenen Ort, fern von Licht und Feuchtigkeit.
- **Haltbarkeit**: Überprüfen Sie regelmäßig das Verfallsdatum und ersetzen Sie abgelaufene Medikamente.

4. Hygieneartikel

Grundausstattung:

- **Seife und Desinfektionsmittel**: Flüssigseife, Handdesinfektionsmittel.
- **Toilettenartikel**: Zahnpasta, Zahnbürsten, Toilettenpapier, Damenhygieneprodukte.
- **Reinigungstücher**: Feuchttücher, Desinfektionstücher.

Lagerung:

- **Behälter**: Verwenden Sie wiederverschließbare Beutel oder Boxen, um Hygieneartikel trocken und sauber zu halten.
- **Platzierung**: Lagern Sie Hygieneartikel in einem leicht zugänglichen Bereich, aber geschützt vor Feuchtigkeit.

5. Kleidung und Schutzkleidung

Grundausstattung:

- **Wechselkleidung**: Mehrere Sätze bequemer, wettergerechter Kleidung.
- **Schutzkleidung**: Atemschutzmasken (N95 oder höher), Schutzbrillen, Handschuhe, Ponchos oder Schutzanzüge.
- **Bettwäsche und Decken**: Zusätzliche Decken oder Schlafsäcke für Wärme und Komfort.

Lagerung:

- **Behälter**: Bewahren Sie Kleidung und Schutzkleidung in wasserdichten Behältern oder Plastiktüten auf, um sie vor Feuchtigkeit und Schmutz zu schützen.
- **Platzierung**: Lagern Sie sie an einem leicht zugänglichen Ort, damit Sie sie im Notfall schnell erreichen können.

6. Notfallausrüstung

Grundausstattung:

- **Beleuchtung**: Taschenlampen, Batterien, Kerzen, Streichhölzer oder Feuerzeuge.
- **Werkzeuge**: Multifunktionswerkzeug, Messer, Schaufel.
- **Kommunikation**: Batteriebetriebenes oder Kurbelradio, Ersatzbatterien, Handy mit Notfallkontakte.
- **Feuerlöscher**: Ein kleiner Feuerlöscher für den Hausgebrauch.
- **Decken und Planen**: Für zusätzlichen Schutz und Wärme.

Lagerung:

- **Behälter**: Bewahren Sie Notfallausrüstung in robusten, wasserfesten Behältern auf.
- **Platzierung**: Halten Sie diese Ausrüstung an einem zentralen, leicht zugänglichen Ort bereit.

7. Finanzielle und persönliche Dokumente

Grundausstattung:

- **Dokumente**: Kopien von Personalausweisen, Pässen, Versicherungspapieren, medizinischen Unterlagen, Bankdaten.
- **Bargeld**: Eine kleine Menge Bargeld in kleinen Scheinen für den Notfall.

Lagerung:

- **Behälter**: Bewahren Sie Dokumente in einer wasserdichten, feuerfesten Box auf.
- **Platzierung**: Halten Sie diese Box an einem sicheren, aber leicht zugänglichen Ort.

8. Besondere Bedürfnisse

Haustiere:

- **Futter und Wasser**: Genügend Vorrat für mindestens zwei Wochen.
- **Transportbox**: Eine sichere Transportbox oder Leine für die Evakuierung.
- **Medikamente**: Spezielle Medikamente oder Pflegeprodukte für Ihr Haustier.

Säuglinge und Kleinkinder:

- **Nahrung**: Genügend Babynahrung, Milchpulver und Snacks.
- **Hygiene**: Windeln, Feuchttücher, Creme.
- **Komfortartikel**: Lieblingsspielzeuge oder Kuscheldecken.

Fazit

Die richtige Auswahl und Lagerung von Notfallvorräten sind entscheidend, um in einer Krise wie einem nuklearen Angriff überlebensfähig zu bleiben. Indem Sie diese Vorräte sorgfältig planen und regelmäßig überprüfen, stellen Sie sicher, dass Sie und Ihre Familie gut vorbereitet sind. Der nächste Schritt besteht darin, einen sicheren Raum in Ihrem Zuhause einzurichten, in dem Sie Schutz finden können. Im folgenden Kapitel werden wir detaillierte Anweisungen zur Gestaltung eines sicheren Raumes geben.

Planung der Kommunikation und Treffpunkte

In einem Notfall ist es entscheidend, dass Ihre Familie schnell und effektiv kommunizieren und sich sicher treffen kann. Ein gut durchdachter Kommunikations- und Treffpunktplan stellt sicher, dass alle Familienmitglieder wissen, wie sie in Kontakt bleiben und sich wiederfinden können, selbst wenn normale Kommunikationsmittel ausfallen. Hier ist eine detaillierte Anleitung zur Planung der Kommunikation und der Festlegung von Treffpunkten.

Schritt-für-Schritt-Anleitung zur Planung der Kommunikation

1. **Kontaktinformationen sammeln**
   - **Familienmitglieder**: Erfassen Sie die Telefonnummern, E-Mail-Adressen und Sozial-Media-Kontakte aller Familienmitglieder.
   - **Notfallkontakte**: Erstellen Sie eine Liste mit Notfallkontakten außerhalb der unmittelbaren Umgebung, wie Freunde oder Verwandte in anderen Städten.
   - **Wichtige Nummern**: Halten Sie Notrufnummern, örtliche Behörden und Hilfsorganisationen bereit (z.B. 112 für Notruf, BBK).
2. **Kommunikationsmittel festlegen**
   - **Mobiltelefone**: Stellen Sie sicher, dass alle Familienmitglieder Mobiltelefone mit gespeicherten Notfallkontakten haben. Denken Sie an tragbare Ladegeräte oder Powerbanks.

Nuklearer Schutz: Vorbereitung für Berlin

- **Funkgeräte**: Für den Fall, dass Mobilfunknetze ausfallen, sollten Sie Walkie-Talkies oder CB-Funkgeräte als alternative Kommunikationsmittel bereitstellen.
- **Notfall-SMS**: SMS-Dienste können oft genutzt werden, wenn Sprachanrufe nicht funktionieren. Stellen Sie sicher, dass alle wissen, wie man Notfall-SMS sendet.

3. **Kommunikationsprotokoll erstellen**
   - **Regelmäßige Check-ins**: Legen Sie fest, dass sich alle Familienmitglieder zu bestimmten Zeiten melden, um ihre Sicherheit zu bestätigen.
   - **Vordefinierte Nachrichten**: Erstellen Sie kurze, prägnante Nachrichten, die in einem Notfall gesendet werden können, z.B. „Bin sicher, im Haus", „Treffpunkt erreichen", „Brauche Hilfe".
4. **Wichtige Informationen bereitstellen**
   - **Notfallkarten**: Erstellen Sie Karten mit wichtigen Treffpunkten, Fluchtwegen und Notrufnummern. Jeder sollte eine Kopie haben.
   - **Informationsquellen**: Nutzen Sie Warn-Apps (wie NINA oder Katwarn) und halten Sie ein batteriebetriebenes Radio bereit, um offizielle Anweisungen zu erhalten.

Festlegung von Treffpunkten

1. **Primäre Treffpunkte**
   - **In der Nähe des Hauses**: Wählen Sie einen sicheren Ort in der Nähe Ihres Hauses, an dem sich alle schnell versammeln können, z.B. ein nahegelegener Park oder ein Platz. Beispiel: „Der Spielplatz am Ende der Straße."
2. **Sekundäre Treffpunkte**
   - **Außerhalb des Viertels**: Bestimmen Sie einen Treffpunkt außerhalb Ihres Viertels, falls der erste Treffpunkt nicht zugänglich ist. Beispiel: „Das Haus der Großeltern in Potsdam."
3. **Evakuierungstreffpunkte**
   - **Öffentliche Schutzräume**: Informieren Sie sich über öffentliche Schutzräume in Ihrer Stadt und legen Sie einen als Treffpunkt fest. Beispiel: „Der Schutzraum im Rathaus Pankow."

- Alternative Unterkünfte: Vereinbaren Sie mit Verwandten oder Freunden, deren zuhause als Notfallunterkunft zu nutzen.

Beispielhafter Kommunikations- und Treffpunktplan

Familie Schmidt – Kommunikations- und Treffpunktplan

1. **Kontaktinformationen**
   - **Mutter (Sabine)**: 0171 2345678
   - **Vater (Hans)**: 0171 8765432
   - **Sohn (Max)**: 0171 1122334
   - **Notfallkontakt (Oma in München)**: 089 9876543
2. **Kommunikationsmittel**
   - **Mobiltelefone**: Alle Familienmitglieder haben ihre Handys und Powerbanks.
   - **Funkgeräte**: Zwei Walkie-Talkies mit einer Reichweite von 5 km.
   - **Notfall-SMS**: Vordefinierte Nachricht: „Sicher – im Haus" oder „Treffpunkt – Park."
3. **Kommunikationsprotokoll**
   - **Check-ins**: Tägliche Check-ins um 9 Uhr und 18 Uhr.
   - **Vordefinierte Nachrichten**: „Sicher", „Treffpunkt erreichen", „Brauche Hilfe."
4. **Wichtige Informationen**
   - **Notfallkarten**: Karten mit markierten Treffpunkten, Fluchtwegen und Notrufnummern.
   - **Informationsquellen**: NINA-Warn-App installiert und batteriebetriebenes Radio bereit.
5. **Treffpunkte**
   - **Primär**: Spielplatz an der Ecke Berliner Allee.
   - **Sekundär**: Haus der Großeltern in Potsdam.
   - **Evakuierung**: Schutzraum im Rathaus Pankow.

Fazit

Ein gut durchdachter Kommunikations- und Treffpunktplan kann den Unterschied zwischen Sicherheit und Chaos in einer Notsituation ausmachen. Indem Sie sicherstellen, dass alle Familienmitglieder wissen, wie sie miteinander in Kontakt bleiben und wo sie sich treffen können, bereiten Sie sich besser auf den Ernstfall vor. Dieser Plan sollte regelmäßig überprüft und geübt werden, um sicherzustellen, dass er im Notfall reibungslos funktioniert. Im nächsten Kapitel werden wir uns darauf konzentrieren, wie Sie einen sicheren Raum in Ihrem Zuhause einrichten, um Schutz vor einer nuklearen Bedrohung zu finden.

Erste-Hilfe-Kenntnisse und -Ausrüstung

Im Falle eines nuklearen Angriffs oder einer anderen Katastrophe ist es entscheidend, dass Sie und Ihre Familie grundlegende Erste-Hilfe-Kenntnisse besitzen und über eine gut ausgestattete Erste-Hilfe-Ausrüstung verfügen. Dies kann lebensrettend sein, bis professionelle medizinische Hilfe eintrifft. Im Folgenden finden Sie eine detaillierte Anleitung zu den notwendigen Erste-Hilfe-Kenntnissen und -Ausrüstung.

Erste-Hilfe-Kenntnisse

1. **Grundlagen der Ersten Hilfe**
   - **Überprüfung der Vitalzeichen**: Atemwege überprüfen, Atmung und Puls kontrollieren.
   - **Stabile Seitenlage**: Verletzte, die bei Bewusstsein, aber nicht ansprechbar sind, in die stabile Seitenlage bringen, um die Atemwege freizuhalten.
   - **Herz-Lungen-Wiederbelebung (HLW)**: Techniken der Herz-Lungen-Wiederbelebung bei Herzstillstand anwenden (30 Brustkompressionen gefolgt von 2 Beatmungen).
2. **Behandlung von Verletzungen**
   - **Wunden und Blutungen**:
     - Blutungen stoppen: Druckverband anlegen oder direkte Druckausübung auf die Wunde.
     - Wunden reinigen: Mit sauberem Wasser und Desinfektionsmittel.
     - Verband anlegen: Sterile Verbände verwenden, um die Wunde abzudecken.

- o **Verbrennungen**:
  - Kleinere Verbrennungen: Mit kaltem Wasser kühlen (mindestens 10 Minuten), dann mit sterilen Verbänden abdecken.
  - Schwerere Verbrennungen: Keine Kleidung entfernen, die an der Wunde haftet; sterile Verbände locker anlegen.
- o **Brüche und Verstauchungen**:
  - Ruhigstellen: Den betroffenen Bereich ruhigstellen und Schiene anlegen, um weitere Verletzungen zu verhindern.
  - Kühlen: Verstauchungen mit Eis oder kaltem Wasser kühlen.

3. **Behandlung von Strahlenexposition**
   - o **Dekontamination**:
     - Kleidung entfernen: Kontaminierte Kleidung ausziehen und in Plastiktüten sicher aufbewahren.
     - Hautreinigung: Mit Wasser und Seife gründlich waschen, um radioaktive Partikel zu entfernen.
   - o **Symptome der Strahlenkrankheit**:
     - Erkennen: Symptome wie Übelkeit, Erbrechen, Durchfall, Hautrötungen und Haarausfall erkennen.
     - Maßnahmen: Flüssigkeitszufuhr sicherstellen, Ruhe und Schutz vor weiterer Strahlenexposition.

4. **Weitere Kenntnisse**
   - o **Ersticken und Atemnot**:
     - Heimlich-Handgriff: Anwenden, um Atemwege bei Ersticken zu befreien.
     - Atemnot behandeln: Betroffenen in aufrechte Position bringen und beruhigen.
   - o **Schock**:
     - Anzeichen: Blässe, kalter Schweiß, schnelle Atmung und schwacher Puls.
     - Maßnahmen: Betroffenen hinlegen, Beine hochlagern und zudecken.

Erste-Hilfe-Ausrüstung

Nuklearer Schutz: Vorbereitung für Berlin

Eine gut ausgestattete Erste-Hilfe-Ausrüstung ist unerlässlich. Hier ist eine Liste der wichtigsten Gegenstände, die in Ihrem Erste-Hilfe-Kasten enthalten sein sollten:

1. **Verbandsmaterial**
   - Sterile Kompressen und Mullbinden
   - Pflaster in verschiedenen Größen
   - Wundauflagen
   - Dreieckstuch (für Schlingen und Stützen)
2. **Instrumente**
   - Schere (Verbandschere)
   - Pinzette (zum Entfernen von Fremdkörpern)
   - Einmalhandschuhe (Latex oder Nitril)
3. **Desinfektionsmittel**
   - Antiseptische Lösung oder Tücher
   - Alkoholpads
4. **Medikamente**
   - Schmerzmittel (z.B. Paracetamol, Ibuprofen)
   - Antihistaminika (für allergische Reaktionen)
   - Durchfallmittel
   - Elektrolytlösung (zur Rehydrierung)
5. **Spezialverbände und Schienen**
   - Druckverbände
   - Kälte- und Wärmepacks
   - Elastische Binden
   - Schienenmaterial (für die Ruhigstellung von Brüchen)
6. **Atemschutz und Augenschutz**
   - Schutzmasken (N95 oder höher)
   - Augenspülung oder Augenspülflasche
7. **Dekontaminationsausrüstung**
   - Plastikbeutel (zum Aufbewahren kontaminierter Kleidung)
   - Seife und Handtücher
   - Sprühflaschen mit Wasser (zum Abwaschen von Haut)
8. **Kommunikationsmittel**
   - Notfallpfeife
   - Notfallkarten mit wichtigen Telefonnummern

Beispiel eines gut ausgestatteten Erste-Hilfe-Kastens

Familie Müller – Erste-Hilfe-Kasten

1. **Verbandsmaterial**
   - 10 sterile Kompressen (10x10 cm)
   - 5 Mullbinden (verschiedene Größen)
   - 1 Packung Pflaster (verschiedene Größen)
   - 5 Wundauflagen
   - 2 Dreieckstücher
2. **Instrumente**
   - 1 Schere (Verbandschere)
   - 1 Pinzette (Edelstahl)
   - 5 Paar Einmalhandschuhe (Nitril)
3. **Desinfektionsmittel**
   - 1 Flasche antiseptische Lösung (100 ml)
   - 10 Alkoholpads
4. **Medikamente**
   - 1 Packung Paracetamol (500 mg)
   - 1 Packung Ibuprofen (400 mg)
   - 1 Packung Antihistaminika
   - 1 Packung Durchfallmittel
   - 5 Packungen Elektrolytlösung
5. **Spezialverbände und Schienen**
   - 2 Druckverbände
   - 2 Kältepacks
   - 2 Wärmepacks
   - 2 elastische Binden
   - 1 Schienenset
6. **Atemschutz und Augenschutz**
   - 5 Schutzmasken (N95)
   - 1 Augenspülflasche (200 ml)
7. **Dekontaminationsausrüstung**
   - 5 große Plastikbeutel
   - 2 Seifenstücke
   - 5 Handtücher
   - 2 Sprühflaschen (500 ml)
8. **Kommunikationsmittel**
   - 1 Notfallpfeife
   - Notfallkarten mit Telefonnummern (laminiert)

Fazit

Gute Erste-Hilfe-Kenntnisse und eine gut ausgestattete Erste-Hilfe-Ausrüstung können in einer Notfallsituation lebensrettend sein. Indem Sie diese Fähigkeiten erlernen und Ihre Ausrüstung sorgfältig vorbereiten, erhöhen Sie die Sicherheit und das Wohlbefinden Ihrer Familie erheblich. Im nächsten Kapitel werden wir uns mit der Gestaltung eines sicheren Raumes in Ihrem Zuhause befassen, der Schutz vor einer nuklearen Bedrohung bieten kann.

4: Sicherheitsmaßnahmen zu Hause
Gestaltung eines sicheren Raumes

Ein sicherer Raum in Ihrem Zuhause kann lebensrettend sein, wenn ein nuklearer Angriff oder eine andere schwere Bedrohung eintritt. Dieser Raum sollte so konzipiert sein, dass er maximalen Schutz vor Strahlung, Druckwellen und anderen Gefahren bietet. Im Folgenden finden Sie eine detaillierte Anleitung zur Gestaltung eines sicheren Raumes.

Auswahl des Raumes

1. **Lage des Raumes**
   - **Unterirdisch oder Innerhalb des Hauses**: Der sicherste Raum ist ein Keller oder ein Raum im Inneren des Hauses, weit entfernt von äußeren Wänden und Fenstern.
   - **Mehrstöckige Gebäude**: Wenn kein Keller vorhanden ist, wählen Sie einen Raum in der Mitte des Hauses im Erdgeschoss, um den Schutz vor Strahlung und Trümmern zu maximieren.
2. **Größe des Raumes**
   - **Ausreichend Platz**: Der Raum sollte genügend Platz bieten, um alle Familienmitglieder sowie die notwendigen Vorräte und Ausrüstungen unterzubringen.
   - **Belüftung**: Stellen Sie sicher, dass der Raum ausreichend belüftet ist, aber keine direkten Lüftungsöffnungen nach außen hat, die radioaktiven Staub hineinlassen könnten.

Abdichten des Raumes

1. **Türen und Fenster**
   - **Türen abdichten**: Verwenden Sie starke Klebebänder und Plastikfolien, um Türen luftdicht abzudichten. Dichtungen und Dichtungsbänder können ebenfalls hilfreich sein.
   - **Fenster abdichten**: Falls der Raum Fenster hat, dichten Sie diese ebenfalls mit Plastikfolie und Klebeband ab.

Bedecken Sie die Fenster zusätzlich mit dicken Decken oder Matratzen, um den Schutz vor Druckwellen zu erhöhen.

2. **Belüftungssysteme**
   - **Filter**: Installieren Sie HEPA-Filter, um die Luft von radioaktiven Partikeln zu reinigen, falls ein Belüftungssystem verwendet wird.
   - **Notbelüftung**: Halten Sie manuelle Luftreinigungsgeräte oder batteriebetriebene Lüftungssysteme bereit.

Vorräte und Ausrüstung im sicheren Raum

1. **Notfallvorräte**
   - **Wasser**: Lagern Sie mindestens drei Liter Wasser pro Person und Tag für mindestens zwei Wochen.
   - **Lebensmittel**: Halten Sie ausreichend nicht verderbliche Lebensmittel für mindestens zwei Wochen bereit.
   - **Medikamente**: Bewahren Sie notwendige Medikamente und eine Erste-Hilfe-Ausrüstung im Raum auf.
2. **Kommunikationsmittel**
   - **Radio**: Ein batteriebetriebenes oder kurbelbetriebenes Radio, um Notfallinformationen zu empfangen.
   - **Funkgeräte**: Walkie-Talkies oder andere Kommunikationsmittel, um in Kontakt mit Außenstehenden zu bleiben.
3. **Sanitäre Einrichtungen**
   - **Mobile Toiletten**: Chemische Toiletten oder Eimer mit Deckel und Müllsäcke für die Abfallentsorgung.
   - **Hygieneartikel**: Seife, Handdesinfektionsmittel, Feuchttücher und Toilettenpapier.
4. **Schutzkleidung**
   - **Atemschutzmasken**: Masken mit hoher Filtrationskapazität (N95 oder höher).
   - **Schutzkleidung**: Schutzanzüge, Handschuhe und Schutzbrillen, um sich vor Kontamination zu schützen.

Gestaltung und Organisation

1. **Möblierung**

- Schlafgelegenheiten: Klappbetten, Schlafsäcke oder Matratzen für Komfort.
- Sitzgelegenheiten: Klappstühle oder Sitzkissen.
- Stauraum: Regale und Behälter zur ordentlichen Aufbewahrung der Vorräte.

2. **Beleuchtung**
   - **Batteriebetriebene Lampen**: Taschenlampen, Laternen und Ersatzbatterien.
   - **Kerzen**: In ausreichender Entfernung von brennbaren Materialien verwenden.

3. **Unterhaltung und Ablenkung**
   - **Bücher und Spiele**: Für die mentale Gesundheit und zur Ablenkung während des Aufenthalts im sicheren Raum.
   - **Elektronische Geräte**: Batteriebetriebene Geräte wie tragbare DVD-Player oder Tablets mit geladenen Filmen und Spielen.

Beispiel für die Gestaltung eines sicheren Raumes

Familie Müller – Sicherer Raum im Keller

1. **Lage und Abdichtung**
   - **Raum**: Kellerraum, weit entfernt von äußeren Wänden und Fenstern.
   - **Türen und Fenster**: Alle Öffnungen mit Plastikfolie und Klebeband luftdicht abgedichtet, Fenster zusätzlich mit Decken bedeckt.

2. **Vorräte und Ausrüstung**
   - **Wasser**: 120 Liter Wasser in lebensmittelechten Behältern.
   - **Lebensmittel**: Konserven, Trockenfrüchte, Müsliriegel für 14 Tage.
   - **Medikamente**: Vorrat an verschreibungspflichtigen Medikamenten und ein gut ausgestatteter Erste-Hilfe-Kasten.
   - **Radio und Funkgeräte**: Batteriebetriebenes Radio und zwei Walkie-Talkies.
   - **Sanitäre Einrichtungen**: Chemische Toilette und ausreichend Müllsäcke.

- **Hygieneartikel**: Seife, Handdesinfektionsmittel, Feuchttücher und Toilettenpapier.
- **Schutzkleidung**: Vier N95-Masken, Schutzanzüge, Handschuhe und Schutzbrillen.

3. **Organisation und Komfort**
   - **Möblierung**: Klappbetten und Schlafsäcke, Klappstühle und Sitzkissen.
   - **Beleuchtung**: Drei batteriebetriebene Laternen, Taschenlampen und Ersatzbatterien.
   - **Unterhaltung**: Bücher, Brettspiele und ein tragbarer DVD-Player mit geladenen Filmen.

Fazit

Ein sicherer Raum in Ihrem Zuhause kann im Falle eines nuklearen Angriffs oder einer anderen schweren Bedrohung lebensrettend sein. Die sorgfältige Auswahl, Gestaltung und Ausstattung dieses Raumes stellen sicher, dass Sie und Ihre Familie optimal geschützt sind. Der nächste Schritt besteht darin, sicherzustellen, dass alle Familienmitglieder wissen, wie sie den sicheren Raum im Notfall nutzen können. Im folgenden Kapitel werden wir uns mit den sofortigen Maßnahmen befassen, die bei einem Angriff ergriffen werden sollten.

Abdichten von Fenstern und Türen

Im Falle eines nuklearen Angriffs oder anderer schwerwiegender Bedrohungen ist das Abdichten von Fenstern und Türen eine wichtige Maßnahme, um das Eindringen von radioaktivem Staub, Chemikalien oder anderen Schadstoffen zu verhindern. Hier ist eine detaillierte Anleitung zum effektiven Abdichten Ihres sicheren Raumes.

Materialien und Werkzeuge

1. **Plastikfolie**: Dicke, robuste Plastikfolie (mindestens 0,2 mm dick) für Fenster und Türen.

2. **Klebeband**: Hochwertiges, widerstandsfähiges Klebeband wie Gaffer Tape oder Duct Tape.
3. **Dichtungsband**: Selbstklebendes Schaumstoff- oder Gummidichtungsband für Türen und Fensterrahmen.
4. **Schere oder Messer**: Zum Zuschneiden der Plastikfolie und des Dichtungsbandes.
5. **Heftklammergerät und Heftklammern**: Für zusätzliche Befestigung der Plastikfolie, wenn nötig.
6. **Decken oder Matratzen**: Zum zusätzlichen Schutz der Fenster von innen.

Schritt-für-Schritt-Anleitung zum Abdichten

1. **Vorbereitung**
   - **Reinigen**: Reinigen Sie die Oberflächen der Fenster und Türen gründlich, um sicherzustellen, dass das Klebeband gut haftet.
   - **Zuschneiden**: Schneiden Sie die Plastikfolie in passende Stücke, die die Fenster und Türen vollständig abdecken, mit einem zusätzlichen Rand von etwa 10 cm an allen Seiten.
2. **Abdichten der Fenster**
   - **Plastikfolie anbringen**: Bringen Sie die zugeschnittene Plastikfolie über das gesamte Fenster an. Beginnen Sie an der oberen Kante und befestigen Sie die Folie mit Klebeband. Arbeiten Sie sich nach unten vor, ziehen Sie die Folie straff und kleben Sie die Seiten und den unteren Rand fest.
   - **Dichtungsband**: Bringen Sie selbstklebendes Dichtungsband entlang der Fensterrahmen an, um zusätzliche Abdichtung zu gewährleisten.
   - **Zusätzlicher Schutz**: Hängen Sie Decken oder Matratzen vor die Fenster, um zusätzlichen Schutz vor Druckwellen und Splittern zu bieten.
3. **Abdichten der Türen**
   - **Dichtungsband anbringen**: Kleben Sie selbstklebendes Dichtungsband entlang der Türrahmen an allen Seiten an, um Lücken zu schließen und das Eindringen von Luft zu verhindern.
   - **Plastikfolie anbringen**: Decken Sie die Tür mit der zugeschnittenen Plastikfolie ab, indem Sie oben beginnen

und sich nach unten arbeiten. Befestigen Sie die Folie mit Klebeband an allen Seiten.
- **Bodenabdichtung**: Verwenden Sie zusätzliches Dichtungsband oder Türdichtungen (z.B. Zugluft Stopper), um den unteren Spalt der Tür abzudichten.

4. **Zusätzliche Maßnahmen**
   - **Lüftungsschlitze und Öffnungen**: Versiegeln Sie alle Lüftungsschlitze, Steckdosen und andere potenzielle Eintrittspunkte für Schadstoffe mit Plastikfolie und Klebeband.
   - **Überprüfung**: Überprüfen Sie alle abgedichteten Bereiche auf Undichtigkeiten und befestigen Sie gegebenenfalls zusätzliche Schichten von Plastikfolie und Klebeband.

Beispiel für das Abdichten eines Raumes

Familie Müller – Sicherer Raum im Keller

1. **Vorbereitung**
   - **Reinigung**: Fenster und Türrahmen mit Reinigungsmittel gründlich gesäubert.
   - **Zuschneiden**: Plastikfolie in passende Stücke geschnitten, jeweils 10 cm größer als die Fenster- und Türabmessungen.

2. **Abdichten der Fenster**
   - **Plastikfolie**: Ein großes Stück Plastikfolie über das Kellerfenster gelegt, oben angefangen und mit Gaffer Tape befestigt. Seiten und Unterseite straffgezogen und ebenfalls festgeklebt.
   - **Dichtungsband**: Selbstklebendes Dichtungsband entlang der Fensterrahmen angebracht.
   - **Zusätzlicher Schutz**: Eine dicke Decke vor das Fenster gehängt und an der Wand befestigt.

3. **Abdichten der Türen**
   - **Dichtungsband**: Dichtungsband entlang des Türrahmens angebracht, um Spalten zu schließen.
   - **Plastikfolie**: Plastikfolie über die Tür gelegt, oben angefangen und mit Klebeband befestigt. Seiten und Unterseite straffgezogen und festgeklebt.

- - **Bodenabdichtung**: Türdichtung am unteren Spalt der Tür angebracht.
4. **Zusätzliche Maßnahmen**
   - **Lüftungsschlitze**: Lüftungsschlitze mit Plastikfolie und Klebeband versiegelt.
   - **Überprüfung**: Alle abgedichteten Bereiche auf Undichtigkeiten überprüft und zusätzliche Schichten von Plastikfolie und Klebeband angebracht, wo nötig.

Fazit

Das Abdichten von Fenstern und Türen ist eine entscheidende Maßnahme, um den sicheren Raum vor radioaktiven Partikeln, Chemikalien und anderen Schadstoffen zu schützen. Mit den richtigen Materialien und einer sorgfältigen Durchführung können Sie sicherstellen, dass Ihr sicherer Raum effektiv gegen externe Bedrohungen abgedichtet ist. Im nächsten Kapitel werden wir uns mit dem Strahlenschutz und praktischen Tipps und Maßnahmen zum Schutz vor Strahlung befassen.

Strahlenschutz: Praktische Tipps und Maßnahmen

Der Schutz vor Strahlung ist entscheidend, um die Gesundheit und das Leben während und nach einem nuklearen Angriff zu sichern. Strahlung kann durch verschiedene Wege in den Körper gelangen, daher sind umfassende Maßnahmen erforderlich. Hier sind praktische Tipps und Maßnahmen, um den Strahlenschutz zu gewährleisten.

Grundlegende Prinzipien des Strahlenschutzes

1. **Abstand**: Je weiter entfernt Sie von der Strahlenquelle sind, desto geringer ist Ihre Strahlenbelastung. Vergrößern Sie den Abstand zur Strahlenquelle so weit wie möglich.
2. **Abschirmung**: Verwenden Sie dichte Materialien wie Beton, Erde oder Blei, um sich vor Strahlung zu schützen. Je dicker die Abschirmung, desto besser.

3. **Zeit**: Reduzieren Sie die Zeit, die Sie in strahlenbelasteten Bereichen verbringen, um Ihre Gesamtstrahlenbelastung zu minimieren.

Praktische Tipps und Maßnahmen zum Strahlenschutz

1. **Einrichtung eines sicheren Raumes**
   - **Ort wählen**: Wählen Sie einen Raum, der sich im Inneren Ihres Hauses befindet und keine oder nur wenige Fenster hat, vorzugsweise im Keller.
   - **Schutzmaterialien**: Nutzen Sie dicke Materialien wie Betonwände, Sandsäcke oder dicke Decken, um den Raum abzuschirmen.
2. **Abdichtung des Raumes**
   - **Fenster und Türen**: Dichten Sie alle Fenster und Türen mit Plastikfolie und Klebeband ab, um das Eindringen von radioaktivem Staub zu verhindern (siehe vorheriges Kapitel).
   - **Belüftung**: Stellen Sie sicher, dass der Raum gut belüftet ist, aber keine direkte Luftzufuhr von außen hat. Verwenden Sie HEPA-Filter, um die Luft von Partikeln zu reinigen.
3. **Strahlenmessgeräte**
   - **Dosimeter**: Verwenden Sie persönliche Dosimeter, um Ihre Strahlenbelastung zu überwachen.
   - **Geigerzähler**: Ein Geigerzähler hilft, Strahlungsniveaus in Ihrer Umgebung zu messen und Hotspots zu identifizieren.
4. **Schutzkleidung**
   - **Atemschutzmasken**: Tragen Sie Atemschutzmasken (N95 oder höher), um das Einatmen von radioaktiven Partikeln zu verhindern.
   - **Schutzanzüge**: Verwenden Sie Einwegschutzanzüge, Handschuhe und Schutzbrillen, um Ihre Haut und Augen vor Kontamination zu schützen.
   - **Wechselkleidung**: Halten Sie saubere Wechselkleidung bereit, um kontaminierte Kleidung schnell austauschen zu können.
5. **Dekontamination**
   - **Kleidung entfernen**: Entfernen Sie kontaminierte Kleidung vorsichtig und bewahren Sie sie in versiegelten Plastiktüten auf.

- **Duschen**: Duschen Sie gründlich mit Seife und Wasser, um radioaktive Partikel von der Haut zu entfernen.
- **Hautreinigung**: Verwenden Sie spezielle Dekontaminationsmittel, wenn verfügbar, um die Haut gründlich zu reinigen.

6. **Lebensmittel- und Wasserversorgung**
   - **Wasser**: Lagern Sie Wasser in versiegelten Behältern und nutzen Sie nur diese, um Kontamination zu vermeiden.
   - **Lebensmittel**: Verwenden Sie nur versiegelte und eingepackte Lebensmittel. Vermeiden Sie frische Nahrungsmittel aus kontaminierten Gebieten.
   - **Lagerung**: Bewahren Sie Lebensmittel und Wasser in einem kühlen, dunklen und trockenen Raum auf, der gut abgedichtet ist.

7. **Verhalten während eines Strahlenalarms**
   - **Innen bleiben**: Verlassen Sie den Schutzraum nur, wenn es absolut notwendig ist.
   - **Informationen einholen**: Hören Sie Nachrichten und Anweisungen von Behörden über ein batteriebetriebenes Radio.
   - **Kontakte minimieren**: Minimieren Sie den Kontakt mit externen Personen, um das Risiko einer Strahlenkontamination zu reduzieren.

8. **Langfristige Schutzmaßnahmen**
   - **Medikamente**: Lagern Sie Jodtabletten, um Ihre Schilddrüse vor radioaktivem Jod zu schützen. Nehmen Sie diese nur auf Anweisung der Behörden ein.
   - **Boden und Pflanzen**: Vermeiden Sie die Nutzung von frischem Boden und Pflanzen aus kontaminierten Bereichen. Nutzen Sie stattdessen vorgepackte Erde und Samen für den Anbau von Lebensmitteln.

Beispielhafte Maßnahmen in einem sicheren Raum

Familie Müller – Strahlenschutz im sicheren Raum

1. **Einrichtung des Raumes**
   - **Ort**: Kellerraum, abgedichtet mit Sandsäcken und Decken an den Wänden.

Nuklearer Schutz: Vorbereitung für Berlin

- o **Abdichtung**: Fenster und Türen mit Plastikfolie und Klebeband versiegelt, Luftfilter installiert.

2. **Strahlenmessgeräte**
   - o **Dosimeter**: Jede Person trägt ein persönliches Dosimeter.
   - o **Geigerzähler**: Geigerzähler im Raum zur regelmäßigen Überprüfung der Strahlungsniveaus.

3. **Schutzkleidung**
   - o **Masken und Anzüge**: Vier N95-Masken, Schutzanzüge, Handschuhe und Schutzbrillen für alle Familienmitglieder.
   - o **Wechselkleidung**: Saubere Kleidung in versiegelten Beuteln bereitgestellt.

4. **Dekontamination**
   - o **Kleidung**: Kontaminierte Kleidung in versiegelten Plastiktüten aufbewahrt.
   - o **Dusche**: Provisorische Dusche mit Wasserkanistern und Seife eingerichtet.

5. **Lebensmittel und Wasser**
   - o **Wasser**: 120 Liter Wasser in versiegelten Behältern gelagert.
   - o **Lebensmittel**: Konserven und versiegelte Trockenlebensmittel für 14 Tage.
   - o **Lagerung**: Vorräte in einem gut abgedichteten Bereich des Kellers gelagert.

6. **Verhalten bei Strahlenalarm**
   - o **Innen bleiben**: Raum nur im Notfall verlassen.
   - o **Informationen**: Batteriebetriebenes Radio für aktuelle Informationen genutzt.
   - o **Kontakte**: Kontakt mit externen Personen minimiert.

Fazit

Der Strahlenschutz erfordert sorgfältige Planung und konsequente Maßnahmen, um Ihre Gesundheit und die Ihrer Familie zu schützen. Durch die Einrichtung eines sicheren Raumes, das Tragen von Schutzkleidung, die Überwachung der Strahlungsniveaus und die Dekontamination können Sie das Risiko von Strahlenschäden erheblich reduzieren. Im nächsten Kapitel werden wir uns mit der Verwendung und Lagerung von Lebensmitteln und Wasser im Detail befassen, um sicherzustellen, dass Sie gut versorgt sind.

Verwendung und Lagerung von Lebensmitteln und Wasser

Die richtige Lagerung und Verwendung von Lebensmitteln und Wasser ist in einer Krisensituation entscheidend für das Überleben. Hier sind detaillierte Anweisungen und Tipps, um sicherzustellen, dass Sie und Ihre Familie gut versorgt und geschützt sind.

Wasser

Menge und Lagerung

1. **Menge**
   - Planen Sie mindestens drei Liter Wasser pro Person und Tag für mindestens zwei Wochen ein. Dies deckt Trinken, Kochen und grundlegende Hygiene ab.
   - Beispiel: Für eine vierköpfige Familie benötigen Sie mindestens 168 Liter Wasser für 14 Tage.
2. **Lagerung**
   - **Behälter**: Verwenden Sie lebensmittelechte Plastikflaschen, Glasbehälter oder spezielle Wasserkanister. Achten Sie darauf, dass die Behälter gut verschlossen und vor Licht geschützt sind.
   - **Ort**: Lagern Sie das Wasser an einem kühlen, dunklen Ort, um die Haltbarkeit zu maximieren und Algenwachstum zu verhindern.
   - **Wechsel**: Wechseln Sie das Wasser alle sechs Monate, um es frisch zu halten. Kennzeichnen Sie die Behälter mit dem Abfülldatum.

Wasseraufbereitung

1. **Filterung**
   - **Filter**: Nutzen Sie tragbare Wasserfilter oder Filterstrohhalme, um unsicheres Wasser zu reinigen.
   - **Aktivkohlefilter**: Diese können chemische Verunreinigungen und schlechte Gerüche entfernen.

2. **Desinfektion**
    - **Abkochen**: Kochen Sie Wasser mindestens eine Minute lang ab, um Bakterien, Viren und Protozoen abzutöten.
    - **Chemische Desinfektion**: Verwenden Sie Wasserentkeimungstabletten oder Haushaltsbleiche (4 Tropfen pro Liter Wasser, 30 Minuten stehen lassen).

Lebensmittel

Auswahl und Lagerung

1. **Nicht verderbliche Lebensmittel**
    - **Konserven**: Gemüse, Obst, Fleisch, Fisch und Suppen in Dosen. Sie sind lange haltbar und leicht zu lagern.
    - **Trockenprodukte**: Reis, Nudeln, Bohnen, Linsen, Trockenfrüchte und Nüsse.
    - **Snacks**: Müsliriegel, Cracker, Trockenfleisch (Jerky) und Schokolade.
    - **Getränke**: Haltbare Milch, Milchpulver, Saft in Kartons, Kaffee und Tee.
2. **Lagerung**
    - **Behälter**: Bewahren Sie Lebensmittel in luftdichten Behältern auf, um sie vor Feuchtigkeit und Schädlingen zu schützen.
    - **Ort**: Lagern Sie Lebensmittel an einem kühlen, trockenen und dunklen Ort.
    - **Rotation**: Verwenden Sie das FIFO-Prinzip (First In, First Out), um ältere Vorräte zuerst zu verbrauchen und regelmäßig zu ersetzen.

Verwendung

1. **Mahlzeitenplanung**
    - **Ausgewogenheit**: Planen Sie ausgewogene Mahlzeiten, die Kohlenhydrate, Proteine und Fette enthalten, um eine ausreichende Ernährung zu gewährleisten.

- **Energiebedarf**: Berücksichtigen Sie den erhöhten Energiebedarf in Stresssituationen und bei körperlicher Anstrengung.

2. **Zubereitung**
   - **Kochmethoden**: Verwenden Sie tragbare Campingkocher, Gaskocher oder Esbit-Kocher. Stellen Sie sicher, dass Sie genügend Brennstoffvorräte haben.
   - **Wasser sparen**: Nutzen Sie Rezepte, die wenig Wasser benötigen, und verwenden Sie das Wasser aus Konserven für Suppen oder zum Kochen.
3. **Abfallmanagement**
   - **Müllbeutel**: Halten Sie robuste Müllbeutel bereit, um Abfälle hygienisch zu entsorgen.
   - **Minimaler Abfall**: Planen Sie Mahlzeiten so, dass möglichst wenig Abfall entsteht.

Besondere Anforderungen

1. **Babynahrung**
   - **Babynahrung**: Lagern Sie ausreichend Babynahrung, Milchpulver und sterile Wasserflaschen.
   - **Hygiene**: Stellen Sie sicher, dass Sie die notwendigen Utensilien zur Zubereitung und Reinigung bereit haben.
2. **Medikamente und Nahrungsergänzungsmittel**
   - **Vorräte**: Halten Sie einen ausreichenden Vorrat an verschreibungspflichtigen Medikamenten und wichtigen Nahrungsergänzungsmitteln bereit.
   - **Lagerung**: Bewahren Sie Medikamente in ihrer Originalverpackung an einem kühlen, trockenen Ort auf.
3. **Spezielle Diäten**
   - **Allergien und Unverträglichkeiten**: Stellen Sie sicher, dass Sie für Familienmitglieder mit speziellen Ernährungsbedürfnissen geeignete Lebensmittel vorrätig haben.

Beispiel für die Lagerung und Verwendung

Familie Müller – Lebensmittel- und Wasservorräte

Nuklearer Schutz: Vorbereitung für Berlin

1. **Wasservorräte**
   - **Menge**: 180 Liter Wasser in lebensmittelechten Kanistern (für 4 Personen, 15 Tage).
   - **Lagerung**: Im kühlen, dunklen Keller gelagert, regelmäßig geprüft und alle sechs Monate gewechselt.
   - **Aufbereitung**: Tragbare Wasserfilter und Wasserentkeimungstabletten bereit.
2. **Lebensmittelvorräte**
   - **Konserven**: 60 Dosen Gemüse, 30 Dosen Obst, 20 Dosen Fleisch und Fisch.
   - **Trockenprodukte**: 20 kg Reis, 10 kg Nudeln, 5 kg Linsen, 5 kg Bohnen, Trockenfrüchte und Nüsse.
   - **Snacks**: 30 Müsliriegel, 10 Packungen Cracker, 5 Packungen Trockenfleisch.
   - **Getränke**: Haltbare Milch, Milchpulver, 20 Liter Saft in Kartons, Kaffee und Tee.
   - **Lagerung**: In luftdichten Behältern, im kühlen, trockenen Keller gelagert.
   - **Verwendung**: Mahlzeitenplanung nach dem FIFO-Prinzip, Nutzung von Campingkocher für die Zubereitung.
3. **Besondere Anforderungen**
   - **Babynahrung**: 60 Gläschen Babynahrung, 10 Packungen Milchpulver, sterile Wasserflaschen.
   - **Medikamente**: Vorrat an Asthmamedikamenten für Anna, Blutdrucktabletten für Hans.
   - **Allergien**: Glutenfreie Produkte für Sabine.

Fazit

Die richtige Verwendung und Lagerung von Lebensmitteln und Wasser ist entscheidend, um in einer Krisensituation überlebensfähig zu bleiben. Durch sorgfältige Planung, angemessene Lagerung und regelmäßige Überprüfung der Vorräte können Sie sicherstellen, dass Ihre Familie gut versorgt ist. Der nächste Schritt besteht darin, diese Vorräte in Ihrem sicheren Raum zu lagern und die notwendigen Maßnahmen für den Ernstfall zu treffen. Im folgenden Kapitel werden wir uns mit den sofortigen Maßnahmen bei einem Angriff befassen.

Nuklearer Schutz: Vorbereitung für Berlin

5: Sofortmaßnahmen bei einem Angriff
Reaktion auf die Warnsignale

In einer Krisensituation, insbesondere bei einem nuklearen Angriff, ist eine schnelle und besonnene Reaktion entscheidend. Das Verständnis und die richtige Reaktion auf Warnsignale können lebensrettend sein. Hier ist eine detaillierte Anleitung, wie Sie und Ihre Familie auf Warnsignale reagieren sollten.

Warnsignale erkennen

1. **Offizielle Warnungen**
   - **Radio und Fernsehen**: Bleiben Sie auf dem Laufenden durch offizielle Nachrichten über Radio und Fernsehen. Achten Sie auf spezielle Notfallübertragungen.
   - **Warn-Apps**: Nutzen Sie Warn-Apps wie NINA oder Katwarn, die Sie über aktuelle Gefahren informieren.
2. **Sirenen**
   - **Luftschutzsirenen**: In vielen Städten gibt es Sirenensysteme, die verschiedene Signale für unterschiedliche Gefahren ausgeben. Informieren Sie sich im Voraus über die Bedeutung der Sirenensignale in Ihrer Region.
   - **Beispiel**: Ein anhaltendes, auf- und abschwellendes Sirenensignal könnte auf einen Luftangriff hinweisen.
3. **Öffentliche Lautsprecherdurchsagen**
   - **Durchsagen**: Behörden können über Lautsprecherdurchsagen in der Stadt wichtige Anweisungen geben. Achten Sie darauf und befolgen Sie die Anweisungen umgehend.
4. **Persönliche Wahrnehmung**
   - **Blitz und Donner**: Ein heller Blitz und kurz darauf ein lautes Donnern können auf eine nukleare Explosion hinweisen. Das Zeitintervall zwischen Blitz und Donner kann Ihnen eine ungefähre Entfernung zur Explosion verraten.
   - **Druckwelle**: Ein starker Windstoß, gefolgt von einer Druckwelle, kann ebenfalls ein Anzeichen sein.

Sofortige Reaktion auf Warnsignale

1. **Sicherheitsraum aufsuchen**
   - **Innenräume:** Begeben Sie sich sofort in den vorbereiteten sicheren Raum oder den innersten Raum des Hauses, weit entfernt von Fenstern und Außenwänden.
   - **Schutzraum:** Falls ein Schutzraum oder Bunker in der Nähe ist, nutzen Sie diesen, sofern die Zeit ausreicht, um ihn sicher zu erreichen.
2. **Abdichtung des Raumes**
   - **Fenster und Türen:** Schließen und verriegeln Sie alle Fenster und Türen. Dichten Sie sie sofort mit Plastikfolie und Klebeband ab, falls dies noch nicht geschehen ist.
   - **Lüftungsschlitze:** Versiegeln Sie Lüftungsschlitze und andere Öffnungen, um das Eindringen von radioaktiven Partikeln zu verhindern.
3. **Schutzmaßnahmen ergreifen**
   - **Atemschutzmasken:** Tragen Sie Atemschutzmasken (N95 oder höher) zur zusätzlichen Sicherheit.
   - **Schutzkleidung:** Ziehen Sie Schutzkleidung an, um Hautkontakt mit radioaktiven Partikeln zu vermeiden.
4. **Kommunikation sicherstellen**
   - **Radio:** Schalten Sie ein batteriebetriebenes Radio ein und stellen Sie sicher, dass Sie offizielle Notfallinformationen empfangen.
   - **Funkgeräte:** Nutzen Sie Funkgeräte oder Walkie-Talkies, um mit Familienmitgliedern in anderen Teilen des Hauses oder außerhalb in Kontakt zu bleiben.
5. **Bleiben Sie informiert und ruhig**
   - **Offizielle Anweisungen:** Folgen Sie den Anweisungen der Behörden genau und bleiben Sie ruhig.
   - **Informationen:** Hören Sie regelmäßig auf offizielle Notfallinformationen und aktualisieren Sie Ihre Maßnahmen entsprechend.

Beispiel eines Reaktionsplans für die Familie Müller

Familie Müller – Reaktionsplan auf Warnsignale

Nuklearer Schutz: Vorbereitung für Berlin

1. **Erkennung der Warnsignale**
   - **Offizielle Warnungen**: Radio auf dem Küchentisch eingeschaltet, NINA-Warn-App auf allen Handys installiert.
   - **Sirenen**: Informiert über die Bedeutung der Sirenensignale in Berlin.
   - **Persönliche Wahrnehmung**: Kinder instruiert, bei Blitz und Donner oder Druckwellen sofort ins Haus zu laufen.
2. **Sofortige Reaktion**
   - **Sicherheitsraum**: Alle Familienmitglieder begeben sich sofort in den vorbereiteten Kellerraum.
   - **Abdichtung**: Türen und Fenster im Kellerraum sofort mit Plastikfolie und Klebeband abgedichtet, Lüftungsschlitze versiegelt.
   - **Schutzmaßnahmen**: Atemschutzmasken und Schutzkleidung angelegt.
3. **Kommunikation**
   - **Radio**: Batteriebetriebenes Radio auf Notfallfrequenz eingestellt.
   - **Funkgeräte**: Walkie-Talkies einsatzbereit, um mit Nachbarn und Familienmitgliedern in Kontakt zu bleiben.
4. **Information und Ruhe**
   - **Offizielle Anweisungen**: Regelmäßiges Hören der offiziellen Anweisungen im Radio.
   - **Ruhig bleiben**: Familienmitglieder beruhigt und Ablenkung durch Spiele und Bücher organisiert.

Fazit

Die richtige Reaktion auf Warnsignale und eine schnelle, koordinierte Umsetzung der Sofortmaßnahmen sind entscheidend, um die Sicherheit Ihrer Familie bei einem nuklearen Angriff zu gewährleisten. Durch die Einhaltung dieser Schritte und die regelmäßige Überprüfung und Übung Ihrer Notfallpläne können Sie im Ernstfall besser vorbereitet und ruhiger reagieren. Im nächsten Kapitel werden wir uns mit dem schnellen Handeln und dem Schutz vor der Strahlenbelastung beschäftigen.

Schnelles Handeln: In Deckung gehen

Bei einem nuklearen Angriff ist schnelles Handeln entscheidend, um sich und Ihre Familie vor den unmittelbaren Gefahren wie Druckwellen, Hitze und Strahlung zu schützen. In Deckung zu gehen ist eine der ersten und wichtigsten Maßnahmen, die Sie ergreifen müssen. Hier ist eine detaillierte Anleitung, wie Sie schnell und effektiv in Deckung gehen.

Sofortmaßnahmen bei einem nuklearen Angriff

1. **Blitz und Druckwelle erkennen**
   - **Blitz**: Wenn Sie einen hellen Blitz sehen, der heller als die Sonne ist, ist dies ein Zeichen für eine nukleare Explosion. Die Druckwelle folgt kurz darauf.
   - **Druckwelle**: Ein starker Windstoß, der fast unmittelbar nach dem Blitz folgt, kündigt die Druckwelle an. Diese kann Gebäude zerstören und schwere Verletzungen verursachen.
2. **Schnell in Deckung gehen**
   - **Innenräume aufsuchen**: Begeben Sie sich sofort in einen inneren Raum Ihres Hauses, der möglichst weit von Fenstern und Außenwänden entfernt ist. Ein Keller oder ein fensterloser Raum im Erdgeschoss ist ideal.
   - **Sicherheitsposition einnehmen**: Legen Sie sich flach auf den Boden, Gesicht nach unten, und bedecken Sie Ihren Kopf mit den Händen. Versuchen Sie, sich hinter einem stabilen Möbelstück oder einer tragenden Wand zu positionieren, um zusätzlichen Schutz zu erhalten.
3. **Verhalten während der Explosion**
   - **Augen und Ohren schützen**: Schließen Sie die Augen und öffnen Sie leicht den Mund, um den Druckausgleich in den Ohren zu erleichtern und Verletzungen durch den Druck zu vermeiden.
   - **Schutzkleidung**: Falls verfügbar, ziehen Sie sofort Schutzkleidung und Atemmasken an, um sich vor radioaktiven Partikeln zu schützen.

Maßnahmen nach der ersten Explosion

Nuklearer Schutz: Vorbereitung für Berlin

1. **Bleiben Sie in Deckung**
   - **Warten Sie die Druckwelle ab**: Bleiben Sie in Ihrer Schutzposition, bis die Druckwelle vorüber ist. Dies können mehrere Sekunden bis Minuten dauern.
   - **Schutzraum aufsuchen**: Sobald die unmittelbare Gefahr vorüber ist, begeben Sie sich schnellstmöglich in den vorbereiteten Schutzraum.
2. **Überprüfung von Verletzungen**
   - **Sich selbst und andere kontrollieren**: Überprüfen Sie sich selbst und Ihre Familienmitglieder auf Verletzungen. Leisten Sie erste Hilfe, falls notwendig.
   - **Erste-Hilfe-Kasten verwenden**: Nutzen Sie Ihren Erste-Hilfe-Kasten, um Wunden zu versorgen und Verbände anzulegen.
3. **Dekontamination**
   - **Kleidung entfernen**: Ziehen Sie kontaminierte Kleidung vorsichtig aus und bewahren Sie sie in versiegelten Plastiktüten auf.
   - **Duschen**: Duschen Sie gründlich mit Seife und Wasser, um radioaktive Partikel von der Haut zu entfernen.

Beispiel für schnelles Handeln und In-Deckung-Gehen

Familie Müller – Reaktionsplan bei nuklearem Angriff

1. **Blitz und Druckwelle erkennen**
   - **Blitz**: Sabine sieht einen hellen Blitz aus dem Fenster und ruft sofort „In Deckung!"
   - **Druckwelle**: Die Familie hört einen lauten Knall und spürt einen starken Windstoß.
2. **Schnell in Deckung gehen**
   - **Innenräume aufsuchen**: Alle Familienmitglieder begeben sich sofort in den inneren Flur des Hauses, weg von Fenstern und Außenwänden.
   - **Sicherheitsposition**: Sie legen sich flach auf den Boden, Gesicht nach unten, und bedecken ihre Köpfe mit den Händen.
3. **Verhalten während der Explosion**

- **Augen und Ohren schützen**: Alle schließen die Augen und öffnen leicht den Mund, um den Druckausgleich in den Ohren zu erleichtern.
- **Schutzkleidung**: Sobald möglich, ziehen sie Schutzkleidung und Atemmasken an.

4. **Nach der Explosion**
   - **Bleiben in Deckung**: Die Familie bleibt in Deckung, bis die Druckwelle vorüber ist.
   - **Schutzraum aufsuchen**: Sie begeben sich schnellstmöglich in den vorbereiteten Schutzraum im Keller.
   - **Verletzungen überprüfen**: Sabine überprüft alle auf Verletzungen und leistet erste Hilfe mit dem Erste-Hilfe-Kasten.
   - **Dekontamination**: Alle ziehen ihre Kleidung aus und duschen gründlich, um radioaktive Partikel zu entfernen.

Fazit

Schnelles Handeln und das richtige Vorgehen beim In-Deckung-Gehen können Leben retten. Durch das Erkennen von Warnsignalen, das Einnehmen der richtigen Position und das anschließende Aufsuchen des Schutzraums können Sie und Ihre Familie die unmittelbaren Gefahren eines nuklearen Angriffs besser überstehen. Üben Sie diese Maßnahmen regelmäßig, um im Ernstfall sicher und effizient reagieren zu können. Im nächsten Kapitel werden wir uns mit dem Schutz vor der Strahlenbelastung befassen und weitere Maßnahmen zur Sicherung Ihrer Gesundheit und Sicherheit besprechen.

Schutz vor der Strahlenbelastung

Der Schutz vor Strahlenbelastung ist entscheidend für das Überleben und die langfristige Gesundheit nach einem nuklearen Angriff. Strahlung kann durch direkte Exposition, Einatmen oder Verschlucken von radioaktiven Partikeln in den Körper gelangen. Hier sind praktische Tipps und Maßnahmen, um die Strahlenbelastung zu minimieren.

Grundlegende Prinzipien des Strahlenschutzes

1. **Abstand**: Halten Sie so viel Abstand wie möglich von der Strahlenquelle.
2. **Abschirmung**: Nutzen Sie dichte Materialien wie Beton, Erde oder Blei, um sich vor Strahlung zu schützen.
3. **Zeit**: Reduzieren Sie die Zeit, die Sie in strahlenbelasteten Bereichen verbringen, um Ihre Gesamtstrahlenbelastung zu minimieren.

Maßnahmen zum Schutz vor Strahlenbelastung

1. **Schutzräume und Abschirmung**
   - **Ort wählen**: Begeben Sie sich in den vorbereiteten Schutzraum oder Keller, der weit von äußeren Wänden und Fenstern entfernt ist.
   - **Materialien verwenden**: Nutzen Sie Sandsäcke, Betonwände, Erde oder dicke Decken, um den Schutzraum zusätzlich abzuschirmen.
2. **Luftdichtung und Belüftung**
   - **Abdichtung**: Dichten Sie Fenster und Türen mit Plastikfolie und Klebeband ab, um das Eindringen von radioaktiven Partikeln zu verhindern.
   - **Luftfilter**: Verwenden Sie HEPA-Filter oder improvisieren Sie Filter mit nassen Tüchern, um die Luft von Partikeln zu reinigen.
3. **Schutzkleidung und Hygiene**
   - **Atemschutzmasken**: Tragen Sie Atemschutzmasken (N95 oder höher), um das Einatmen von radioaktiven Partikeln zu verhindern.
   - **Schutzkleidung**: Ziehen Sie Schutzanzüge, Handschuhe und Schutzbrillen an, um Hautkontakt mit radioaktiven Partikeln zu vermeiden.
   - **Wechselkleidung**: Halten Sie saubere Wechselkleidung bereit, um kontaminierte Kleidung schnell austauschen zu können.
4. **Dekontamination**
   - **Kleidung entfernen**: Ziehen Sie kontaminierte Kleidung vorsichtig aus und bewahren Sie sie in versiegelten Plastiktüten auf.

Nuklearer Schutz: Vorbereitung für Berlin

- o **Duschen**: Duschen Sie gründlich mit Seife und Wasser, um radioaktive Partikel von der Haut zu entfernen.
- o **Hautreinigung**: Verwenden Sie spezielle Dekontaminationsmittel, wenn verfügbar, um die Haut gründlich zu reinigen.

5. **Nahrungsmittel- und Wasserversorgung**
   - o **Wasser**: Lagern Sie Wasser in versiegelten Behältern und nutzen Sie nur diese, um Kontamination zu vermeiden. Filtern und desinfizieren Sie Wasser aus unsicheren Quellen.
   - o **Lebensmittel**: Verwenden Sie nur versiegelte und eingepackte Lebensmittel. Vermeiden Sie frische Nahrungsmittel aus kontaminierten Gebieten.
   - o **Lagerung**: Bewahren Sie Lebensmittel und Wasser in einem gut abgedichteten Bereich des Schutzraumes auf.

6. **Langfristige Maßnahmen**
   - o **Medikamente**: Halten Sie Jodtabletten bereit, um Ihre Schilddrüse vor radioaktivem Jod zu schützen. Nehmen Sie diese nur auf Anweisung der Behörden ein.
   - o **Boden und Pflanzen**: Vermeiden Sie die Nutzung von frischem Boden und Pflanzen aus kontaminierten Bereichen. Nutzen Sie stattdessen vorgepackte Erde und Samen für den Anbau von Lebensmitteln.

Beispiel für Maßnahmen zum Strahlenschutz

Familie Müller – Strahlenschutzmaßnahmen

1. **Schutzräume und Abschirmung**
   - o **Ort**: Kellerraum mit Sandsäcken und dicken Decken an den Wänden zur Abschirmung.
   - o **Materialien**: Zusätzliche Sandsäcke um den Schutzraum gestapelt.

2. **Luftdichtung und Belüftung**
   - o **Abdichtung**: Fenster und Türen im Kellerraum mit Plastikfolie und Klebeband versiegelt.
   - o **Luftfilter**: HEPA-Filter installiert, improvisierte Filter aus nassen Tüchern bereitgestellt.

3. **Schutzkleidung und Hygiene**

- **Atemschutzmasken**: Vier N95-Masken für alle Familienmitglieder.
- **Schutzkleidung**: Schutzanzüge, Handschuhe und Schutzbrillen im Schutzraum bereit.
- **Wechselkleidung**: Saubere Kleidung in versiegelten Beuteln bereitgestellt.

4. **Dekontamination**
   - **Kleidung entfernen**: Kontaminierte Kleidung in versiegelten Plastiktüten aufbewahrt.
   - **Dusche**: Provisorische Dusche mit Wasserkanistern und Seife eingerichtet.

5. **Nahrungsmittel- und Wasserversorgung**
   - **Wasser**: 120 Liter Wasser in versiegelten Behältern gelagert.
   - **Lebensmittel**: Konserven und versiegelte Trockenlebensmittel für 14 Tage.
   - **Lagerung**: Vorräte in einem gut abgedichteten Bereich des Kellers gelagert.

6. **Langfristige Maßnahmen**
   - **Jodtabletten**: Vorrat an Jodtabletten für den Notfall bereitgestellt.
   - **Boden und Pflanzen**: Nutzung von vorgepackter Erde und Samen für den Anbau im Innenbereich.

Fazit

Der Schutz vor Strahlenbelastung erfordert sorgfältige Planung und konsequente Maßnahmen. Durch die Einrichtung eines sicheren Schutzraumes, die Nutzung von Schutzkleidung und Atemmasken, die Dekontamination und die richtige Lagerung von Lebensmitteln und Wasser können Sie das Risiko von Strahlenschäden erheblich reduzieren. Üben Sie diese Maßnahmen regelmäßig, um im Ernstfall sicher und effizient reagieren zu können. Im nächsten Kapitel werden wir uns mit dem Umgang mit Verletzungen und Verbrennungen befassen und weitere Maßnahmen zur Sicherung Ihrer Gesundheit und Sicherheit besprechen.

Umgang mit Verletzungen und Verbrennungen

Im Falle eines nuklearen Angriffs ist die Wahrscheinlichkeit von Verletzungen und Verbrennungen hoch. Es ist wichtig, dass Sie grundlegende Erste-Hilfe-Maßnahmen kennen, um sich selbst und anderen zu helfen, bis professionelle medizinische Hilfe eintrifft. Hier sind praktische Tipps und Maßnahmen für den Umgang mit Verletzungen und Verbrennungen.

Erste-Hilfe-Maßnahmen bei Verletzungen

1. **Schnittwunden und Abschürfungen**
    - **Reinigung**: Reinigen Sie die Wunde gründlich mit sauberem Wasser oder einer antiseptischen Lösung, um Schmutz und Bakterien zu entfernen.
    - **Blutung stillen**: Üben Sie direkten Druck auf die Wunde aus, um die Blutung zu stoppen. Verwenden Sie sterile Kompressen oder ein sauberes Tuch.
    - **Verband anlegen**: Decken Sie die Wunde mit einer sterilen Kompresse ab und sichern Sie diese mit einem Verband oder Pflaster.
    - **Überwachung**: Überwachen Sie die Wunde auf Anzeichen einer Infektion (Rötung, Schwellung, Eiter).
2. **Tiefe Schnittwunden**
    - **Blutung kontrollieren**: Drücken Sie fest auf die Wunde, um die Blutung zu stoppen. Verwenden Sie bei Bedarf einen Druckverband.
    - **Schock verhindern**: Lagern Sie die betroffene Person flach mit den Beinen leicht erhöht und decken Sie sie zu, um sie warm zu halten.
    - **Notruf**: Rufen Sie medizinische Hilfe, wenn die Blutung nicht innerhalb von 10 Minuten gestoppt werden kann oder die Wunde sehr tief ist.
3. **Prellungen und Verstauchungen**
    - **Ruhe**: Ruhigstellen der betroffenen Stelle.
    - **Eis**: Kühlen Sie die betroffene Stelle mit Eis oder einem Kaltpack für 20 Minuten, um Schwellungen zu reduzieren.
    - **Kompression**: Wickeln Sie die betroffene Stelle mit einer elastischen Binde ein.
    - **Hochlagern**: Lagern Sie die betroffene Extremität hoch, um die Schwellung zu minimieren.

4. **Brüche**
    - **Ruhigstellung**: Stabilisieren Sie den betroffenen Bereich, indem Sie ihn so wenig wie möglich bewegen. Verwenden Sie improvisierte Schienen aus festen Gegenständen wie Holzstäben oder dicken Kartons.
    - **Schmerzmittel**: Geben Sie, falls vorhanden, Schmerzmittel gemäß den Anweisungen auf der Packung.
    - **Notruf**: Rufen Sie professionelle Hilfe, insbesondere bei offenen Brüchen oder wenn die betroffene Person starke Schmerzen hat.

Erste-Hilfe-Maßnahmen bei Verbrennungen

1. **Leichte Verbrennungen (1. Grad)**
    - **Kühlen**: Kühlen Sie die verbrannte Stelle sofort unter fließendem, kühlem Wasser für mindestens 10 Minuten.
    - **Bedecken**: Decken Sie die Verbrennung mit einer sterilen, nicht klebenden Wundauflage ab.
    - **Schmerzmittel**: Verabreichen Sie Schmerzmittel wie Paracetamol oder Ibuprofen gemäß den Anweisungen.
2. **Mittlere Verbrennungen (2. Grad)**
    - **Kühlen**: Kühlen Sie die verbrannte Stelle sofort unter fließendem, kühlem Wasser für mindestens 10 Minuten.
    - **Blasenbildung**: Lassen Sie Blasen intakt, um eine Infektion zu verhindern.
    - **Bedecken**: Decken Sie die Verbrennung mit einer sterilen, nicht klebenden Wundauflage ab.
    - **Schmerzmittel**: Verabreichen Sie Schmerzmittel und überwachen Sie die Person auf Anzeichen einer Infektion.
3. **Schwere Verbrennungen (3. Grad)**
    - **Notruf**: Rufen Sie sofort professionelle medizinische Hilfe.
    - **Kühlen**: Kühlen Sie die verbrannte Stelle nicht mit Wasser, sondern bedecken Sie sie locker mit einem sauberen, nicht klebenden Tuch.
    - **Schock verhindern**: Lagern Sie die betroffene Person flach mit leicht erhöhten Beinen und decken Sie sie zu, um sie warm zu halten.

Beispiel für Erste-Hilfe-Maßnahmen bei Verletzungen

und Verbrennungen

Familie Müller – Erste-Hilfe-Maßnahmen

1. **Verletzungen**
   - **Schnittwunde bei Anna**: Wunde mit sauberem Wasser gespült, Blutung mit sterilem Kompressen Verband gestoppt und Pflaster angebracht. Wunde auf Infektionszeichen überwacht.
   - **Tiefe Schnittwunde bei Hans**: Druckverband angelegt, Person flach gelagert und Beine leicht erhöht, Notruf abgesetzt.
2. **Prellungen und Verstauchungen**
   - **Verstauchung bei Sabine**: Betroffene Stelle ruhiggestellt, mit Eis gekühlt, elastische Binde angelegt und hochgelagert.
3. **Brüche**
   - **Offener Bruch bei Max**: Bruchstelle ruhiggestellt, improvisierte Schiene aus Holzstäben angelegt, Schmerzmittel verabreicht und Notruf abgesetzt.
4. **Verbrennungen**
   - **Leichte Verbrennung bei Anna**: Verbrannte Stelle unter kühlem Wasser gekühlt, mit nicht klebender Wundauflage abgedeckt und Schmerzmittel verabreicht.
   - **Mittlere Verbrennung bei Sabine**: Verbrannte Stelle unter kühlem Wasser gekühlt, Blasen intakt gelassen, mit steriler Wundauflage abgedeckt und Schmerzmittel gegeben.
   - **Schwere Verbrennung bei Hans**: Notruf abgesetzt, verbrannte Stelle locker mit einem sauberen Tuch bedeckt, Person flach gelagert und warmgehalten.

Fazit

Der Umgang mit Verletzungen und Verbrennungen erfordert schnelle und sachkundige Maßnahmen, um Schmerzen zu lindern, Infektionen zu verhindern und den Heilungsprozess zu fördern. Durch die Kenntnis und Anwendung dieser Erste-Hilfe-Maßnahmen können Sie die Zeit bis zum Eintreffen professioneller medizinischer Hilfe überbrücken und das Risiko von Komplikationen verringern. Üben Sie diese Maßnahmen regelmäßig, um im Ernstfall sicher und effizient reagieren zu können. Im nächsten Kapitel werden wir uns mit dem Überleben nach dem Angriff und langfristigen Maßnahmen zur Sicherheit und Erholung beschäftigen.

6: Überleben nach dem Angriff
Verlassen des Schutzraumes: Wann und wie?

Nach einem nuklearen Angriff ist es entscheidend zu wissen, wann und wie man den Schutzraum sicher verlassen kann. Die radioaktive Strahlung stellt unmittelbar nach der Explosion die größte Gefahr dar, nimmt jedoch mit der Zeit ab. Hier sind detaillierte Anweisungen, um sicherzustellen, dass Sie und Ihre Familie den Schutzraum sicher verlassen können.

Wann den Schutzraum verlassen?

1. **Zeitfaktor und Strahlungsniveau**
   - **Initiale Wartezeit**: Bleiben Sie mindestens 24-48 Stunden im Schutzraum, da die Strahlenbelastung in dieser Zeit am höchsten ist. Die radioaktive Strahlung nimmt nach der Faustregel der „sieben Zehnerregel" ab: Nach 7 Stunden ist die Strahlung auf 10 %, nach 49 Stunden (ca. 2 Tage) auf 1 % des ursprünglichen Wertes gesunken.
   - **Strahlungsmessung**: Verwenden Sie Geigerzähler oder Dosimeter, um die Strahlenbelastung regelmäßig zu messen. Verlassen Sie den Schutzraum erst, wenn die Strahlenbelastung auf ein akzeptables Niveau gesunken ist (unter 0,5 mSv/h, wenn möglich).
2. **Offizielle Anweisungen**
   - **Nachrichten und Behörden**: Folgen Sie den Anweisungen der Behörden über batteriebetriebene Radios oder andere verfügbare Kommunikationsmittel. Verlassen Sie den Schutzraum nur, wenn es von offiziellen Stellen als sicher erklärt wird.
3. **Gesundheitszustand**
   - **Physischer Zustand**: Stellen Sie sicher, dass alle Familienmitglieder in einem ausreichenden physischen Zustand sind, um den Schutzraum zu verlassen. Achten Sie auf Anzeichen von Strahlenkrankheit und allgemeiner Schwäche.

Wie den Schutzraum sicher verlassen?

Nuklearer Schutz: Vorbereitung für Berlin

1. **Vorbereitung**
   - **Schutzkleidung anlegen**: Tragen Sie Atemschutzmasken (N95 oder höher), Schutzanzüge, Handschuhe und Schutzbrillen, um sich vor verbleibenden radioaktiven Partikeln zu schützen.
   - **Notfallausrüstung**: Nehmen Sie einen Erste-Hilfe-Kasten, Wasser, Lebensmittel, ein batteriebetriebenes Radio und zusätzliche Batterien mit.
2. **Dekontamination vor dem Verlassen**
   - **Kleidung wechseln**: Ziehen Sie kontaminierte Kleidung aus und bewahren Sie diese in versiegelten Plastiktüten auf. Ziehen Sie saubere Kleidung an, bevor Sie den Schutzraum verlassen.
   - **Duschen**: Wenn möglich, duschen Sie gründlich mit Seife und Wasser, um radioaktive Partikel zu entfernen.
3. **Austritt aus dem Schutzraum**
   - **Langsam und vorsichtig**: Verlassen Sie den Schutzraum langsam und vorsichtig, um zu verhindern, dass radioaktive Partikel aufgewirbelt werden.
   - **Luftqualität prüfen**: Achten Sie auf die Luftqualität und vermeiden Sie staubige oder verrauchte Bereiche.
4. **Erkundung der Umgebung**
   - **Strahlungsniveau messen**: Messen Sie die Strahlenbelastung in der Umgebung regelmäßig mit einem Geigerzähler.
   - **Gefahren erkennen**: Achten Sie auf mögliche Gefahren wie instabile Strukturen, Trümmer und offene Feuer.
   - **Notfallrouten planen**: Planen Sie sichere Routen, um zum nächsten Notfallzentrum oder Sammelpunkt zu gelangen.
5. **Kommunikation aufrechterhalten**
   - **Kontakt halten**: Halten Sie Kontakt mit anderen Überlebenden und informieren Sie die Behörden über Ihren Standort und Zustand.
   - **Aktuelle Informationen**: Hören Sie weiterhin offizielle Nachrichten und Anweisungen über ein batteriebetriebenes Radio.

Beispiel für das Verlassen des Schutzraumes

Nuklearer Schutz: Vorbereitung für Berlin

Familie Müller – Verlassen des Schutzraumes

1. **Zeitfaktor und Strahlungsniveau**
   - **Initiale Wartezeit**: Familie Müller bleibt 48 Stunden im Schutzraum.
   - **Strahlungsmessung**: Hans überprüft regelmäßig die Strahlenbelastung mit einem Geigerzähler. Nach 48 Stunden liegt die Strahlenbelastung bei 0,3 mSv/h.
2. **Offizielle Anweisungen**
   - **Nachrichten**: Sabine hört Nachrichten über das batteriebetriebene Radio und erfährt, dass das Verlassen des Schutzraums in ihrer Region sicher ist.
3. **Vorbereitung**
   - **Schutzkleidung**: Alle Familienmitglieder legen Atemschutzmasken, Schutzanzüge, Handschuhe und Schutzbrillen an.
   - **Notfallausrüstung**: Sie packen einen Rucksack mit Erste-Hilfe-Kasten, Wasser, Lebensmitteln, Radio und Batterien.
4. **Dekontamination**
   - **Kleidung wechseln**: Alle ziehen kontaminierte Kleidung aus, bewahren diese in Plastiktüten auf und ziehen saubere Kleidung an.
   - **Duschen**: Alle duschen gründlich, um radioaktive Partikel zu entfernen.
5. **Austritt und Erkundung**
   - **Langsam und vorsichtig**: Die Familie verlässt den Schutzraum langsam und vorsichtig.
   - **Strahlungsniveau messen**: Hans misst die Strahlenbelastung und stellt sicher, dass sie unter 0,5 mSv/h liegt.
   - **Gefahren erkennen**: Sie achten auf mögliche Gefahren in der Umgebung und planen eine sichere Route zum nächsten Notfallzentrum.
6. **Kommunikation**
   - **Kontakt halten**: Die Familie bleibt in Kontakt mit anderen Überlebenden und informiert die Behörden über ihren Zustand und Standort.
   - **Aktuelle Informationen**: Sabine hört weiterhin offizielle Nachrichten und Anweisungen über das Radio.

Fazit

Das sichere Verlassen des Schutzraums nach einem nuklearen Angriff erfordert sorgfältige Vorbereitung und genaue Beachtung der Strahlenbelastung und offiziellen Anweisungen. Durch das Anlegen von Schutzkleidung, die regelmäßige Messung der Strahlung und die Kommunikation mit den Behörden können Sie die Risiken minimieren und die Sicherheit Ihrer Familie gewährleisten. Im nächsten Kapitel werden wir uns mit den langfristigen Sicherheits- und Gesundheitsmaßnahmen nach einem nuklearen Angriff befassen.

Langfristige Sicherheits- und Gesundheitsmaßnahmen

Nach einem nuklearen Angriff sind langfristige Sicherheits- und Gesundheitsmaßnahmen entscheidend, um die Auswirkungen der Strahlenbelastung zu minimieren und die Gesundheit der Betroffenen zu schützen. Diese Maßnahmen umfassen die kontinuierliche Überwachung der Strahlung, medizinische Versorgung und psychologische Unterstützung sowie die Sicherstellung einer sauberen Umgebung und einer sicheren Nahrungs- und Wasserversorgung. Hier sind detaillierte Anweisungen für langfristige Sicherheits- und Gesundheitsmaßnahmen.

Strahlenüberwachung und Dekontamination

1. **Kontinuierliche Strahlenüberwachung**
   - **Geigerzähler verwenden**: Messen Sie regelmäßig die Strahlenbelastung in Ihrer Umgebung mit einem Geigerzähler.
   - **Überwachungsprotokoll**: Führen Sie ein Protokoll über die Strahlenwerte, um Veränderungen über die Zeit zu dokumentieren und Gebiete mit hoher Strahlenbelastung zu identifizieren.
2. **Umgebung dekontaminieren**

Nuklearer Schutz: Vorbereitung für Berlin

- **Flächen reinigen**: Reinigen Sie Oberflächen in Ihrem Zuhause gründlich mit Seife und Wasser oder speziellen Dekontaminationsmitteln.
- **Staubbindung**: Verwenden Sie nasse Tücher oder Sprühflaschen mit Wasser, um radioaktiven Staub zu binden und zu entfernen.
- **Bekleidung und Ausrüstung**: Waschen Sie Kleidung und Ausrüstung regelmäßig, um radioaktive Partikel zu entfernen. Verwenden Sie hierfür isolierte Bereiche und schützen Sie sich selbst mit Atemmasken und Handschuhen.

Gesundheitliche Überwachung und medizinische Versorgung

1. **Medizinische Untersuchung**
   - **Regelmäßige Check-ups**: Lassen Sie sich und Ihre Familienmitglieder regelmäßig von einem Arzt untersuchen, um die Auswirkungen der Strahlenbelastung zu überwachen.
   - **Bluttests**: Lassen Sie Bluttests durchführen, um mögliche Strahlenschäden frühzeitig zu erkennen.
2. **Behandlung von Strahlenkrankheit**
   - **Symptome überwachen**: Achten Sie auf Symptome der Strahlenkrankheit wie Übelkeit, Erbrechen, Haarausfall und Hautrötungen.
   - **Medikamente**: Halten Sie Medikamente bereit, die zur Behandlung von Strahlenkrankheit eingesetzt werden können, wie Antiemetika (gegen Übelkeit) und Antibiotika (gegen Infektionen).
3. **Psychologische Unterstützung**
   - **Traumabewältigung**: Nutzen Sie psychologische Beratungsdienste, um die psychischen Auswirkungen des Erlebten zu verarbeiten.
   - **Selbsthilfegruppen**: Treten Sie Selbsthilfegruppen bei, um Erfahrungen auszutauschen und gegenseitige Unterstützung zu finden.

Nahrungsmittel- und Wassersicherheit

Nuklearer Schutz: Vorbereitung für Berlin

1. **Sichere Nahrungsmittelversorgung**
   - **Verpackte Lebensmittel**: Verwenden Sie nur versiegelte und verpackte Lebensmittel, um Kontamination zu vermeiden.
   - **Eigenanbau**: Wenn möglich, bauen Sie Nahrungsmittel in geschützten Innenräumen oder Gewächshäusern an, um die Kontamination von außen zu minimieren.
   - **Dekontamination**: Waschen Sie frische Lebensmittel gründlich und schälen Sie Obst und Gemüse, um die Strahlenbelastung zu reduzieren.
2. **Wasserversorgung**
   - **Wasser filtern**: Verwenden Sie Wasserfilter, um radioaktive Partikel zu entfernen. Aktivkohlefilter können chemische Verunreinigungen reduzieren.
   - **Regenwasser sammeln**: Sammeln und filtern Sie Regenwasser für die Nutzung, sofern es nicht kontaminiert ist.
   - **Wasservorräte**: Lagern Sie ausreichend Trinkwasser in versiegelten Behältern, die regelmäßig überprüft und ausgetauscht werden.

Hygienemaßnahmen

1. **Persönliche Hygiene**
   - **Regelmäßiges Duschen**: Duschen Sie regelmäßig mit Seife und Wasser, um radioaktive Partikel von der Haut zu entfernen.
   - **Händewaschen**: Waschen Sie Ihre Hände häufig, insbesondere vor dem Essen und nach dem Toilettengang.
2. **Häusliche Hygiene**
   - **Wohnräume reinigen**: Halten Sie Ihre Wohnräume sauber und frei von Staub. Verwenden Sie nasse Tücher, um Staub zu binden und zu entfernen.
   - **Müllentsorgung**: Entsorgen Sie kontaminierten Müll sicher und isolieren Sie ihn von anderen Abfällen.

Strahlenschutzmittel

1. **Jodtabletten**

- **Einnahme**: Nehmen Sie Jodtabletten nur auf Anweisung der Behörden ein, um die Aufnahme von radioaktivem Jod durch die Schilddrüse zu blockieren.
- **Vorrat**: Halten Sie einen Vorrat an Jodtabletten bereit und achten Sie auf das Verfallsdatum.

2. **Schutzkleidung**
   - **Nutzung**: Tragen Sie Schutzkleidung, Atemmasken und Handschuhe bei der Dekontamination und wenn Sie kontaminierte Bereiche betreten.
   - **Lagerung**: Bewahren Sie Schutzkleidung in einem sauberen, trockenen Bereich auf, um die Wirksamkeit zu erhalten.

Beispiel für langfristige Maßnahmen der Familie Müller

Familie Müller – Langfristige Sicherheits- und Gesundheitsmaßnahmen

1. **Strahlenüberwachung**
   - **Geigerzähler**: Hans misst täglich die Strahlenbelastung in und um das Haus und führt ein Protokoll.
   - **Dekontamination**: Sabine reinigt wöchentlich alle Oberflächen mit Seife und Wasser, verwendet nasse Tücher zur Staubbindung.
2. **Gesundheitliche Überwachung**
   - **Check-ups**: Alle Familienmitglieder gehen monatlich zur medizinischen Untersuchung und lassen Bluttests durchführen.
   - **Psychologische Unterstützung**: Die Familie besucht regelmäßig eine Trauma-Selbsthilfegruppe.
3. **Nahrungsmittel- und Wassersicherheit**
   - **Verpackte Lebensmittel**: Die Familie verwendet nur versiegelte und verpackte Lebensmittel.
   - **Eigenanbau**: Gemüse wird in einem kleinen Gewächshaus im Garten angebaut.
   - **Wasserfilter**: Hans verwendet Aktivkohlefilter zur Wasseraufbereitung.
4. **Hygienemaßnahmen**

- Nuklearer Schutz: Vorbereitung für Berlin

    - o **Regelmäßiges Duschen**: Alle Familienmitglieder duschen täglich und waschen sich häufig die Hände.
    - o **Wohnräume reinigen**: Die Wohnräume werden regelmäßig gereinigt, Staub wird mit nassen Tüchern entfernt.
  5. **Strahlenschutzmittel**
     - o **Jodtabletten**: Die Familie hat einen Vorrat an Jodtabletten und nimmt sie auf Anweisung der Behörden ein.
     - o **Schutzkleidung**: Schutzanzüge, Atemmasken und Handschuhe werden bei der Dekontamination getragen und sicher aufbewahrt.

Fazit

Langfristige Sicherheits- und Gesundheitsmaßnahmen sind entscheidend, um die Auswirkungen eines nuklearen Angriffs zu bewältigen und die Gesundheit der Betroffenen zu schützen. Durch kontinuierliche Strahlenüberwachung, regelmäßige medizinische Untersuchungen, sichere Nahrungs- und Wasserversorgung sowie umfassende Hygienemaßnahmen können Sie die Risiken minimieren und eine sichere Umgebung schaffen. Im nächsten Kapitel werden wir uns mit der Dekontamination von Personen und Gegenständen befassen und weitere Maßnahmen zur Sicherung Ihrer Gesundheit und Sicherheit besprechen.

Dekontamination von Personen und Gegenständen

Nach einem nuklearen Angriff ist die Dekontamination von Personen und Gegenständen von entscheidender Bedeutung, um die Verbreitung und Aufnahme radioaktiver Partikel zu verhindern. Hier sind detaillierte Anweisungen und Maßnahmen zur effektiven Dekontamination.

Dekontamination von Personen

1. **Vorbereitung**

- **Schutzkleidung**: Tragen Sie Schutzkleidung, Atemschutzmasken (N95 oder höher), Handschuhe und Schutzbrillen, um sich selbst zu schützen.
- **Dekontaminationsbereich**: Richten Sie einen speziellen Bereich für die Dekontamination ein, idealerweise außerhalb des Schutzraumes, aber in einem geschützten Bereich wie einer Garage oder einem Badezimmer.

2. **Kleidung entfernen**
   - **Sicheres Ausziehen**: Ziehen Sie kontaminierte Kleidung vorsichtig aus, ohne die Außenseite zu berühren, und bewahren Sie sie in versiegelten Plastiktüten auf.
   - **Versiegelung**: Versiegeln Sie die Plastiktüten sorgfältig und lagern Sie sie in einem abseits gelegenen Bereich, bis sie sicher entsorgt werden können.

3. **Duschen**
   - **Wasser und Seife**: Duschen Sie gründlich mit viel Wasser und Seife. Verwenden Sie lauwarmes Wasser, um die Poren nicht zu öffnen, was die Aufnahme von Partikeln verhindern kann.
   - **Vorsicht bei Verletzungen**: Achten Sie darauf, offene Wunden oder Hautverletzungen besonders gründlich zu reinigen, um Infektionen zu vermeiden.
   - **Haarwäsche**: Waschen Sie das Haar gründlich mit Shampoo, aber vermeiden Sie aggressive Chemikalien, die die Kopfhaut reizen könnten.

4. **Hautreinigung**
   - **Sanfte Reinigung**: Verwenden Sie weiche Tücher oder Schwämme, um die Haut schonend zu reinigen und radioaktive Partikel zu entfernen.
   - **Dekontaminationsmittel**: Verwenden Sie, falls verfügbar, spezielle Dekontaminationsmittel für die Haut.

5. **Nach der Dekontamination**
   - **Saubere Kleidung**: Ziehen Sie saubere, nicht kontaminierte Kleidung an, die in versiegelten Behältern aufbewahrt wurde.
   - **Kontrolle der Strahlung**: Überprüfen Sie die Strahlung auf Ihrer Haut mit einem Geigerzähler, um sicherzustellen, dass die Dekontamination erfolgreich war.

Dekontamination von Gegenständen

Nuklearer Schutz: Vorbereitung für Berlin

1. **Identifikation kontaminierter Gegenstände**
   - **Strahlenmessung**: Verwenden Sie einen Geigerzähler, um kontaminierte Gegenstände zu identifizieren.
   - **Sichtbare Partikel**: Achten Sie auf sichtbaren Staub oder Schmutz, der auf die Anwesenheit von radioaktiven Partikeln hinweisen könnte.
2. **Reinigung von Oberflächen**
   - **Seife und Wasser**: Reinigen Sie harte Oberflächen mit Seife und Wasser. Verwenden Sie weiche Tücher oder Schwämme, um die Partikel zu binden und zu entfernen.
   - **Desinfektionsmittel**: Verwenden Sie Desinfektionsmittel, um sicherzustellen, dass alle Partikel entfernt werden.
3. **Textilien und weiche Materialien**
   - **Waschen**: Waschen Sie kontaminierte Textilien, wie Kleidung, Bettwäsche und Vorhänge, in einer Waschmaschine mit heißem Wasser und einem starken Waschmittel.
   - **Verpackung und Lagerung**: Bewahren Sie stark kontaminierte Textilien in versiegelten Plastiktüten auf, bis sie sicher entsorgt werden können.
4. **Elektronische Geräte und empfindliche Gegenstände**
   - **Wischen**: Wischen Sie elektronische Geräte und empfindliche Gegenstände vorsichtig mit feuchten Tüchern ab.
   - **Dekontaminationsmittel**: Verwenden Sie spezielle Dekontaminationssprays, die für elektronische Geräte geeignet sind, um Partikel zu entfernen.
5. **Entsorgung kontaminierter Abfälle**
   - **Sicheres Lagern**: Lagern Sie kontaminierte Abfälle in versiegelten Behältern, bis sie sicher entsorgt werden können.
   - **Offizielle Anweisungen**: Folgen Sie den Anweisungen der Behörden zur sicheren Entsorgung von radioaktiven Abfällen.

Beispiel für die Dekontamination

Familie Müller – Dekontaminationsmaßnahmen

Nuklearer Schutz: Vorbereitung für Berlin

1. **Dekontamination von Personen**
   - **Vorbereitung**: Alle Familienmitglieder tragen Schutzkleidung, Atemschutzmasken, Handschuhe und Schutzbrillen.
   - **Kleidung entfernen**: Kontaminierte Kleidung wird vorsichtig ausgezogen und in versiegelten Plastiktüten aufbewahrt.
   - **Duschen**: Alle duschen gründlich mit lauwarmem Wasser und Seife, Haare werden mit Shampoo gewaschen.
   - **Sanfte Reinigung**: Weiche Tücher werden verwendet, um die Haut zu reinigen.
   - **Kontrolle**: Nach der Dekontamination wird die Strahlung auf der Haut mit einem Geigerzähler überprüft.
2. **Dekontamination von Gegenständen**
   - **Identifikation**: Mit einem Geigerzähler werden kontaminierte Gegenstände identifiziert.
   - **Reinigung**: Harte Oberflächen werden mit Seife und Wasser gereinigt, Textilien in der Waschmaschine gewaschen.
   - **Elektronische Geräte**: Werden vorsichtig mit feuchten Tüchern und speziellen Dekontaminationssprays gereinigt.
   - **Entsorgung**: Kontaminierte Abfälle werden in versiegelten Behältern gelagert und nach den Anweisungen der Behörden entsorgt.

Fazit

Die Dekontamination von Personen und Gegenständen ist eine wesentliche Maßnahme nach einem nuklearen Angriff, um die Verbreitung und Aufnahme radioaktiver Partikel zu verhindern. Durch sorgfältige und gründliche Dekontaminationsverfahren können Sie die Gesundheit und Sicherheit Ihrer Familie schützen. Üben Sie diese Maßnahmen regelmäßig, um im Ernstfall sicher und effizient reagieren zu können. Im nächsten Kapitel werden wir uns mit dem Wiederaufbau und Anpassung an die neue Realität befassen und weitere Maßnahmen zur Sicherung Ihrer Gesundheit und Sicherheit besprechen.

Wiederaufbau und Anpassung an die neue Realität

Nach einem nuklearen Angriff ist der Wiederaufbau und die Anpassung an die neue Realität eine gewaltige Aufgabe. Es erfordert sowohl physische als auch psychische Anpassungen, um sich an die veränderten Lebensumstände zu gewöhnen und eine neue Basis für das tägliche Leben zu schaffen. Hier sind detaillierte Schritte und Maßnahmen, um den Wiederaufbau und die Anpassung zu erleichtern.

Physischer Wiederaufbau

1. **Einschätzung der Schäden**
   - **Gebäudeschäden**: Untersuchen Sie Ihr Zuhause und andere Gebäude auf strukturelle Schäden. Achten Sie besonders auf Risse in Wänden, Decken und Fundamenten.
   - **Versorgungseinrichtungen**: Überprüfen Sie die Strom-, Wasser- und Gasleitungen auf Schäden und kontaminierte Versorgungen.
   - **Strahlenmessung**: Messen Sie regelmäßig die Strahlenbelastung in und um Ihr Zuhause, um kontaminierte Bereiche zu identifizieren.
2. **Sicherheitsvorkehrungen**
   - **Strukturelle Reparaturen**: Lassen Sie notwendige Reparaturen an Gebäuden von Fachleuten durchführen, um die Sicherheit zu gewährleisten.
   - **Versorgungsleitungen**: Reparieren oder ersetzen Sie beschädigte Versorgungsleitungen. Überprüfen Sie die Wasserqualität regelmäßig und verwenden Sie Wasserfilter.
   - **Dekontamination**: Dekontaminieren Sie Ihr Zuhause und die Umgebung gründlich, wie in den vorherigen Kapiteln beschrieben.
3. **Wiederaufbau der Infrastruktur**
   - **Gemeinschaftsprojekte**: Arbeiten Sie mit Nachbarn und der Gemeinde zusammen, um öffentliche Einrichtungen wie Schulen, Krankenhäuser und Straßen wiederaufzubauen.

- **Unterstützung anfordern**: Beantragen Sie staatliche und internationale Hilfe für den Wiederaufbau. Nutzen Sie alle verfügbaren Ressourcen und Unterstützungssysteme.

Psychische Anpassung und Unterstützung

1. **Psychologische Betreuung**
   - **Traumabehandlung**: Suchen Sie professionelle Hilfe bei der Bewältigung von Traumata. Psychologische Beratung kann helfen, Angstzustände, Depressionen und PTBS zu behandeln.
   - **Selbsthilfegruppen**: Treten Sie Selbsthilfegruppen bei, um Erfahrungen auszutauschen und Unterstützung zu finden.
2. **Familien- und Gemeinschaftszusammenhalt**
   - **Gemeinsame Aktivitäten**: Engagieren Sie sich in gemeinsamen Aktivitäten mit Ihrer Familie und Gemeinschaft, um den Zusammenhalt zu stärken und Normalität zu fördern.
   - **Kommunikation**: Halten Sie offene Kommunikationswege mit Ihren Familienmitgliedern und Nachbarn aufrecht, um Sorgen und Bedürfnisse zu teilen und Unterstützung zu bieten.
3. **Bildung und Schulung**
   - **Schulbesuch**: Sichern Sie den Schulbesuch für Kinder, um ihnen eine stabile Umgebung und Bildung zu bieten.
   - **Erwachsenenbildung**: Nutzen Sie Fortbildungs- und Umschulungsprogramme, um neue Fähigkeiten zu erlernen und sich an veränderte wirtschaftliche Bedingungen anzupassen.

Wirtschaftliche und soziale Anpassung

1. **Wiederaufbau der Wirtschaft**
   - **Arbeitsplätze schaffen**: Engagieren Sie sich in Gemeinschaftsprojekten, die Arbeitsplätze schaffen und die lokale Wirtschaft ankurbeln.
   - **Unterstützung für Unternehmen**: Helfen Sie kleinen und mittleren Unternehmen beim Wiederaufbau, indem Sie lokale Produkte und Dienstleistungen unterstützen.

2. **Sicherstellung der Nahrungsmittel- und Wasserversorgung**
   - **Landwirtschaft**: Fördern Sie den Anbau von Nahrungsmitteln in Gemeinschaftsgärten und auf privaten Grundstücken, um die Nahrungsmittelversorgung zu sichern.
   - **Wassersicherheit**: Stellen Sie sicher, dass die Wasserversorgung sicher und nachhaltig ist. Verwenden Sie Wasseraufbereitungssysteme und überprüfen Sie regelmäßig die Wasserqualität.
3. **Wiederherstellung der öffentlichen Dienste**
   - **Gesundheitsdienste**: Stellen Sie sicher, dass Gesundheitsdienste verfügbar sind, einschließlich medizinischer Versorgung, Impfungen und psychologischer Unterstützung.
   - **Bildung und Kultur**: Fördern Sie die Wiedereröffnung von Schulen, Bibliotheken und kulturellen Einrichtungen, um Bildung und kulturelles Leben zu unterstützen.

Beispiel für den Wiederaufbau und die Anpassung der Familie Müller

Familie Müller – Wiederaufbau und Anpassung

1. **Physischer Wiederaufbau**
   - **Einschätzung der Schäden**: Hans überprüft das Haus auf strukturelle Schäden und kontaminierte Versorgungsleitungen.
   - **Sicherheitsvorkehrungen**: Ein Bauunternehmen repariert das Fundament und die Wände. Sabine überwacht die Wasserqualität und installiert Wasserfilter.
   - **Dekontamination**: Die Familie dekontaminiert das Haus regelmäßig und überprüft die Strahlenbelastung.
2. **Psychische Anpassung**
   - **Psychologische Betreuung**: Die Familie besucht wöchentlich eine Trauma-Selbsthilfegruppe.
   - **Gemeinsame Aktivitäten**: Regelmäßige gemeinsame Abende und Wochenendausflüge stärken den Familienzusammenhalt.

- **Kommunikation**: Offene Gespräche über Sorgen und Bedürfnisse werden in der Familie gefördert.

3. **Wirtschaftliche Anpassung**
    - **Landwirtschaft**: Die Familie legt einen kleinen Gemüsegarten an und nimmt an einem Gemeinschaftsgartenprojekt teil.
    - **Unterstützung für Unternehmen**: Hans unterstützt lokale Handwerker und kauft lokale Produkte, um die Wirtschaft zu fördern.
    - **Bildung und Kultur**: Anna und Max besuchen wieder die Schule, und die Familie beteiligt sich an kulturellen Veranstaltungen in der Gemeinde.

Fazit

Der Wiederaufbau und die Anpassung an die neue Realität nach einem nuklearen Angriff sind komplexe und langwierige Prozesse, die physische, psychische und wirtschaftliche Maßnahmen erfordern. Durch sorgfältige Planung, Gemeinschaftsarbeit und die Nutzung aller verfügbaren Ressourcen können Sie und Ihre Familie diese Herausforderungen meistern und eine neue Basis für ein sicheres und gesundes Leben schaffen. Im letzten Kapitel werden wir die wichtigsten Punkte zusammenfassen und zusätzliche Ressourcen und Informationen bereitstellen, um Ihre Vorbereitung und Erholung zu unterstützen.

7: Technische Ausrüstung und ihre Nutzung
Strahlungsmessgeräte: Auswahl und Anwendung

Strahlungsmessgeräte sind unerlässlich, um die Strahlenbelastung nach einem nuklearen Angriff zu überwachen und sicherzustellen, dass Sie sich in einem sicheren Umfeld aufhalten. Hier sind wichtige Informationen zur Auswahl, Anwendung und Wartung von Strahlungsmessgeräten.

Auswahl von Strahlungsmessgeräten

1. **Geigerzähler**
   - **Funktion**: Misst ionisierende Strahlung (alpha, beta, gamma und Röntgenstrahlung).
   - **Einsatzbereiche**: Ideal für die allgemeine Überwachung der Strahlenbelastung in der Umgebung.
   - **Merkmale**: Suchen Sie nach Geräten mit digitaler Anzeige, Alarmfunktion bei hohen Strahlenwerten und einer ausreichenden Messreichweite (bis zu 1 Sv/h).
2. **Dosimeter**
   - **Funktion**: Misst die kumulative Strahlenbelastung über einen bestimmten Zeitraum.
   - **Einsatzbereiche**: Besonders nützlich für die persönliche Überwachung der Strahlenexposition.
   - **Merkmale**: Wählen Sie tragbare, einfach zu verwendende Geräte mit einem klaren Display und einer langen Batterielaufzeit.
3. **Spektrometer**
   - **Funktion**: Identifiziert spezifische radioaktive Isotope und misst deren Konzentration.
   - **Einsatzbereiche**: Hilfreich für detaillierte Analysen der Strahlenquelle.
   - **Merkmale**: Erforderlich für fortgeschrittene Anwendungen und wissenschaftliche Analysen.

Anwendung von Strahlungsmessgeräten

Nuklearer Schutz: Vorbereitung für Berlin

1. **Vorbereitung und Kalibrierung**
   - **Geräteprüfung**: Stellen Sie sicher, dass das Gerät funktionsfähig und korrekt kalibriert ist. Folgen Sie den Anweisungen des Herstellers zur Kalibrierung.
   - **Batterieprüfung**: Überprüfen Sie den Batteriestatus und halten Sie Ersatzbatterien bereit.
2. **Messung der Strahlenbelastung**
   - **Geigerzähler**:
     - **Einschalten**: Schalten Sie das Gerät ein und warten Sie, bis es betriebsbereit ist.
     - **Messung**: Halten Sie das Gerät in die Umgebung, die Sie messen möchten. Bewegen Sie es langsam, um eine gleichmäßige Messung zu gewährleisten.
     - **Interpretation**: Notieren Sie die angezeigten Werte und vergleichen Sie sie mit den Sicherheitsrichtlinien. Ein Wert unter 0,5 mSv/h gilt in vielen Situationen als sicher.
   - **Dosimeter**:
     - **Tragen**: Befestigen Sie das Dosimeter an Ihrer Kleidung, um die kumulative Strahlenbelastung zu messen.
     - **Überwachung**: Überprüfen Sie regelmäßig die angezeigte kumulative Dosis.
     - **Alarm**: Achten Sie auf Alarme, die auf eine hohe Strahlenbelastung hinweisen.
3. **Spezifische Anwendungen**
   - **Umgebungsmessung**: Verwenden Sie Geigerzähler, um die allgemeine Strahlenbelastung in verschiedenen Bereichen Ihres Hauses und der Umgebung zu messen.
   - **Dekontamination**: Messen Sie die Strahlung von Gegenständen und Oberflächen, bevor und nachdem Sie diese dekontaminiert haben, um die Effektivität der Reinigung zu überprüfen.
   - **Persönliche Sicherheit**: Tragen Sie Dosimeter, wenn Sie in potenziell kontaminierten Bereichen arbeiten oder sich dort aufhalten, um Ihre persönliche Strahlenbelastung zu überwachen.

Wartung und Aufbewahrung

1. **Regelmäßige Wartung**
   - **Kalibrierung**: Lassen Sie Ihre Strahlungsmessgeräte regelmäßig von einem Fachmann kalibrieren, um die Genauigkeit zu gewährleisten.
   - **Reinigung**: Halten Sie die Geräte sauber und frei von Schmutz und Staub. Verwenden Sie keine aggressiven Chemikalien zur Reinigung.
2. **Aufbewahrung**
   - **Trockener Ort**: Lagern Sie die Geräte an einem trockenen, kühlen Ort, um Schäden durch Feuchtigkeit oder extreme Temperaturen zu vermeiden.
   - **Schutz**: Bewahren Sie die Geräte in ihren Schutzgehäusen auf, wenn sie nicht in Gebrauch sind, um sie vor physischen Schäden zu schützen.

Beispiel für die Anwendung und Wartung von Strahlungsmessgeräten

Familie Müller – Nutzung von Strahlungsmessgeräten

1. **Vorbereitung und Kalibrierung**
   - **Geräteprüfung**: Hans überprüft den Geigerzähler und das Dosimeter auf Funktionsfähigkeit und kalibriert sie gemäß den Herstelleranweisungen.
   - **Batterieprüfung**: Sabine stellt sicher, dass beide Geräte über volle Batterien verfügen, und hält Ersatzbatterien bereit.
2. **Messung der Strahlenbelastung**
   - **Geigerzähler**:
     - Hans schaltet den Geigerzähler ein und misst die Strahlenbelastung in verschiedenen Bereichen des Hauses.
     - Er notiert Werte und identifiziert Bereiche mit erhöhter Strahlung, insbesondere in der Nähe von Fenstern und Türen.
   - **Dosimeter**:
     - Anna und Max tragen Dosimeter an ihrer Kleidung, um die kumulative Strahlenbelastung während des Tages zu überwachen.

- Sabine überprüft die Dosimeter regelmäßig auf hohe Werte und sorgt für notwendige Schutzmaßnahmen.

3. **Wartung und Aufbewahrung**
   - **Regelmäßige Wartung**: Hans lässt den Geigerzähler und die Dosimeter alle sechs Monate kalibrieren.
   - **Aufbewahrung**: Die Geräte werden in einem trockenen, kühlen Schrank in ihren Schutzgehäusen aufbewahrt, wenn sie nicht in Gebrauch sind.

Fazit

Die Auswahl und richtige Anwendung von Strahlungsmessgeräten sind entscheidend für den Schutz Ihrer Familie vor radioaktiver Strahlung nach einem nuklearen Angriff. Durch regelmäßige Messungen, die Interpretation der Ergebnisse und die Einhaltung der Wartungsrichtlinien können Sie die Strahlenbelastung überwachen und geeignete Schutzmaßnahmen ergreifen. Im nächsten Kapitel werden wir weitere technische Ausrüstungen und deren Nutzung besprechen, um Ihre Vorbereitung und Sicherheit zu verbessern.

Kommunikationsmittel: Vom Radio bis zu modernen Geräten

Effektive Kommunikation ist in Krisensituationen von entscheidender Bedeutung. Sie ermöglicht es, aktuelle Informationen zu erhalten, Hilfe anzufordern und mit Familienmitgliedern sowie Rettungskräften in Kontakt zu bleiben. Hier sind die wichtigsten Kommunikationsmittel, die von traditionellen Radios bis hin zu modernen Geräten reichen, und wie Sie diese effektiv nutzen können.

Traditionelle Kommunikationsmittel

1. **Batteriebetriebenes oder Kurbelradio**

Nuklearer Schutz: Vorbereitung für Berlin

- **Funktion**: Ein Radio, das mit Batterien oder durch Handkurbeln betrieben wird, um Nachrichten und Notfallinformationen zu empfangen.
- **Nutzung**:
  - **Batterien prüfen**: Stellen Sie sicher, dass das Radio mit frischen Batterien ausgestattet ist oder dass die Kurbelmechanik funktioniert.
  - **Sender einstellen**: Hören Sie auf lokale Nachrichten- und Notfallfrequenzen, um aktuelle Informationen zu erhalten.
- **Vorteile**:
  - Zuverlässig auch bei Stromausfällen.
  - Leicht zugänglich und einfach zu bedienen.

2. **UKW- und Kurzwellenradio**
   - **Funktion**: Empfängt eine breitere Palette von Sendern, einschließlich internationaler Nachrichten und Notfallübertragungen.
   - **Nutzung**:
     - **Frequenzen kennen**: Notieren Sie sich die Frequenzen wichtiger Sender, die Notfallinformationen senden.
     - **Empfang verbessern**: Verwenden Sie eine externe Antenne, um den Empfang zu verbessern, insbesondere für Kurzwellenübertragungen.
   - **Vorteile**:
     - Empfang von Informationen aus verschiedenen Regionen.
     - Nützlich für internationale Krisensituationen.

Moderne Kommunikationsmittel

1. **Mobiltelefone**
   - **Funktion**: Ermöglichen Sprach- und Textkommunikation, Internetzugang und Nutzung von Apps.
   - **Nutzung**:
     - **Notfallkontakte speichern**: Speichern Sie wichtige Notfallkontakte und Nummern von Behörden.
     - **Apps installieren**: Laden Sie Notfall-Apps wie NINA oder Katwarn herunter, die Warnungen und Anweisungen senden.

- **Ladestand überwachen**: Halten Sie tragbare Ladegeräte oder Powerbanks bereit, um die Batterielaufzeit zu verlängern.
  - **Vorteile**:
    - Weit verbreitet und vielseitig einsetzbar.
    - Zugang zu einer Vielzahl von Informationsquellen.

2. **Satellitentelefone**
   - **Funktion**: Ermöglichen Kommunikation unabhängig von Mobilfunknetzen, ideal für abgelegene oder stark betroffene Gebiete.
   - **Nutzung**:
     - **Verfügbarkeit prüfen**: Stellen Sie sicher, dass Ihr Satellitentelefon aufgeladen und betriebsbereit ist.
     - **Netzverbindung**: Finden Sie eine freie Sicht zum Himmel, um eine stabile Verbindung zum Satellitennetzwerk zu gewährleisten.
   - **Vorteile**:
     - Funktioniert auch bei Ausfall lokaler Kommunikationsinfrastruktur.
     - Ideal für extreme Notfallsituationen.

3. **Funkgeräte (Walkie-Talkies)**
   - **Funktion**: Ermöglichen direkte Kommunikation über kurze bis mittlere Entfernungen ohne Netzabhängigkeit.
   - **Nutzung**:
     - **Kanäle einstellen**: Wählen Sie einen gemeinsamen Kanal für die Kommunikation mit Familienmitgliedern und Nachbarn.
     - **Reichweite testen**: Testen Sie die Reichweite Ihrer Funkgeräte in Ihrer Umgebung.
   - **Vorteile**:
     - Zuverlässig in kurzen Distanzen.
     - Unabhängig von externen Netzen.

4. **Amateurfunkgeräte**
   - **Funktion**: Bieten umfassende Kommunikationsmöglichkeiten über große Entfernungen. Erfordert eine Amateurfunklizenz.
   - **Nutzung**:
     - **Lizenz erwerben**: Erwerben Sie die notwendige Lizenz und Schulung, um das Gerät legal zu nutzen.

- **Frequenzen kennen**: Informieren Sie sich über die Frequenzen, die von Amateurfunkern in Notfällen genutzt werden.
  - **Vorteile**:
    - Große Reichweite und vielseitige Kommunikationsmöglichkeiten.
    - Zugang zu einem weltweiten Netzwerk von Amateurfunkern.

Integration und Nutzung von Kommunikationsmitteln

1. **Notfall-Kommunikationsplan erstellen**
   - **Kontaktinformationen**: Erstellen Sie eine Liste mit wichtigen Telefonnummern, E-Mail-Adressen und Sozial-Media-Kontakten.
   - **Kommunikationsmittel**: Stellen Sie sicher, dass alle Familienmitglieder wissen, wie sie die verfügbaren Kommunikationsmittel nutzen können.
   - **Treffpunkte festlegen**: Legen Sie primäre und sekundäre Treffpunkte fest, falls die Kommunikation ausfällt.
2. **Regelmäßige Übungen und Tests**
   - **Übungen durchführen**: Führen Sie regelmäßige Übungen durch, um die Nutzung der Kommunikationsmittel zu üben.
   - **Geräte testen**: Überprüfen Sie regelmäßig die Funktionsfähigkeit aller Geräte und ersetzen Sie Batterien oder reparieren Sie beschädigte Geräte.

Beispiel für den Einsatz von Kommunikationsmitteln

Familie Müller – Kommunikationsplan

1. **Batteriebetriebenes Radio**
   - **Notfallfrequenzen**: Sabine hört regelmäßig die lokalen Notfallfrequenzen, um aktuelle Informationen zu erhalten.
   - **Batterien**: Hans überprüft und wechselt die Batterien alle sechs Monate.
2. **Mobiltelefone**
   - **Notfallkontakte**: Alle Familienmitglieder haben wichtige Notfallkontakte gespeichert.

- Notfall-Apps: Die NINA-App ist auf allen Handys installiert.
- Powerbanks: Zwei Powerbanks sind immer geladen und einsatzbereit.
3. **Satellitentelefon**
    - **Bereitschaft**: Das Satellitentelefon ist aufgeladen und einsatzbereit, falls das Mobilfunknetz ausfällt.
    - **Kontaktaufnahme**: Hans hat eine Liste mit wichtigen internationalen Kontakten, die er im Notfall erreichen kann.
4. **Funkgeräte (Walkie-Talkies)**
    - **Gemeinsamer Kanal**: Die Familie verwendet Kanal 7 für die interne Kommunikation.
    - **Reichweitentest**: Anna und Max testen die Reichweite der Funkgeräte regelmäßig im Haus und Garten.
5. **Amateurfunkgerät**
    - **Lizenz**: Hans besitzt eine Amateurfunklizenz und kennt die Notfallfrequenzen.
    - **Netzwerk**: Hans nimmt regelmäßig an Amateurfunk-Netzwerkübungen teil, um die Kommunikation in Notfällen zu üben.

Fazit

Die richtige Auswahl und Nutzung von Kommunikationsmitteln sind entscheidend, um im Notfall gut informiert zu bleiben und effektiv Hilfe anfordern zu können. Durch die Kombination traditioneller und moderner Kommunikationsmittel können Sie sicherstellen, dass Sie und Ihre Familie in jeder Situation kommunizieren können. Im nächsten Kapitel werden wir weitere technische Ausrüstungen und deren Nutzung besprechen, um Ihre Vorbereitung und Sicherheit zu verbessern.

Schutzkleidung und Atemschutzmasken

Schutzkleidung und Atemschutzmasken sind wesentliche Bestandteile der Ausrüstung, um die Exposition gegenüber radioaktiven Partikeln und anderen gefährlichen Stoffen nach einem nuklearen Angriff zu minimieren. Hier sind detaillierte Anweisungen zur Auswahl, Nutzung und Wartung dieser Schutzausrüstung.

Auswahl von Schutzkleidung

1. **Typen von Schutzkleidung**
   - **Einweg-Schutzanzüge**: Leichte Anzüge, die einmal verwendet und dann entsorgt werden. Sie bieten Schutz vor Staub und Partikeln.
   - **Mehrweg-Schutzanzüge**: Robuste Anzüge, die mehrfach verwendet werden können. Sie bieten besseren Schutz und sind langlebiger.
   - **Überkleidung**: Zusätzliche Kleidung, die über der normalen Kleidung getragen wird, um zusätzlichen Schutz zu bieten.
2. **Materialien und Eigenschaften**
   - **Wasserdicht und undurchlässig**: Materialien wie Tyvek oder Polypropylen sind wasserabweisend und verhindern das Eindringen von Partikeln.
   - **Chemikalienbeständig**: Schutzkleidung, die gegen chemische Kontamination beständig ist, bietet zusätzlichen Schutz in kontaminierten Umgebungen.
   - **Komfort und Passform**: Wählen Sie Schutzkleidung, die gut sitzt und Bewegungsfreiheit ermöglicht, um langfristigen Komfort zu gewährleisten.

Auswahl von Atemschutzmasken

1. **Typen von Atemschutzmasken**
   - **N95-Masken**: Filtern mindestens 95 % der in der Luft befindlichen Partikel und sind ideal für den Schutz vor Staub und radioaktiven Partikeln.
   - **P100-Masken**: Bieten noch höheren Schutz als N95-Masken und filtern mindestens 99,97 % der Partikel.
   - **Vollmasken**: Bieten umfassenden Schutz für Gesicht und Atemwege und sind mit austauschbaren Filtern ausgestattet.
2. **Eigenschaften und Passform**
   - **Filtereffizienz**: Achten Sie auf die Filtereffizienz (N95, P100) und wählen Sie je nach erforderlichem Schutzgrad.

Nuklearer Schutz: Vorbereitung für Berlin

- **Passform:** Stellen Sie sicher, dass die Maske gut sitzt und dicht abschließt, um den maximalen Schutz zu gewährleisten. Wählen Sie Masken mit verstellbaren Bändern und Nasenbügeln.
- **Komfort:** Wählen Sie Masken mit weichen Dichtungen und Materialien, die den Tragekomfort erhöhen.

Anwendung und Nutzung

1. **Anlegen der Schutzkleidung**
   - **Vorbereitung:** Ziehen Sie die Schutzkleidung in einem sauberen Bereich an, um eine Kontamination zu vermeiden.
   - **Schichten:** Tragen Sie eine Basisschicht aus leichter Kleidung unter dem Schutzanzug, um den Komfort zu erhöhen.
   - **Dichtheit:** Stellen Sie sicher, dass alle Reißverschlüsse, Klettverschlüsse und Bündchen dicht verschlossen sind.
2. **Anlegen der Atemschutzmasken**
   - **Passform prüfen:** Setzen Sie die Maske auf und passen Sie die Bänder so an, dass sie dicht und sicher sitzt. Stellen Sie sicher, dass keine Luft seitlich entweicht.
   - **Filter überprüfen:** Überprüfen Sie die Filter auf Schäden oder Verunreinigungen und wechseln Sie sie regelmäßig aus.
3. **Während des Gebrauchs**
   - **Überhitzung vermeiden:** Vermeiden Sie übermäßige körperliche Anstrengung, um Überhitzung zu verhindern. Machen Sie regelmäßig Pausen.
   - **Kommunikation:** Entwickeln Sie Handzeichen oder andere Kommunikationsmethoden, da das Sprechen durch die Maske und Schutzkleidung erschwert sein kann.

Wartung und Entsorgung

1. **Reinigung und Desinfektion**
   - **Mehrwegkleidung:** Waschen Sie mehr weg Schutzkleidung nach Gebrauch gründlich mit Seife und Wasser oder gemäß den Herstelleranweisungen.

- **Vollmasken**: Reinigen Sie die Masken nach Gebrauch mit einem Desinfektionstuch und ersetzen Sie die Filter regelmäßig.

2. **Lagerung**
   - **Trockener Ort**: Lagern Sie Schutzkleidung und Atemschutzmasken an einem trockenen, kühlen Ort, um die Materialien zu schützen.
   - **Schutz vor UV-Licht**: Vermeiden Sie direkte Sonneneinstrahlung, da UV-Licht die Materialien beschädigen kann.

3. **Entsorgung**
   - **Einwegkleidung**: Entsorgen Sie Einweg-Schutzkleidung und -Masken in versiegelten Plastiktüten, um die Verbreitung von Kontaminanten zu verhindern.
   - **Umweltgerechte Entsorgung**: Folgen Sie den lokalen Vorschriften zur Entsorgung von kontaminierten Materialien.

Beispiel für die Nutzung und Pflege von Schutzkleidung und Atemschutzmasken

Familie Müller – Schutzkleidung und Atemschutzmasken

1. **Auswahl**
   - **Schutzkleidung**: Die Familie Müller hat Einweg-Schutzanzüge (Tyvek) und Mehrweg-Schutzanzüge (Polypropylen) für verschiedene Anwendungen.
   - **Atemschutzmasken**: Sie besitzen N95-Masken für den täglichen Gebrauch und Vollmasken mit P100-Filtern für hoch kontaminierte Bereiche.

2. **Anwendung**
   - **Anlegen der Schutzkleidung**: Hans zieht den Schutzanzug in der Garage an und stellt sicher, dass alle Reißverschlüsse und Bündchen dicht verschlossen sind.
   - **Anlegen der Atemschutzmasken**: Sabine setzt ihre N95-Maske auf und passt die Bänder an, um sicherzustellen, dass die Maske dicht sitzt.

3. **Wartung und Entsorgung**

- o **Reinigung**: Nach dem Gebrauch wäscht Sabine den Mehrweg-Schutzanzug gründlich und desinfiziert die Vollmasken.
- o **Lagerung**: Die Schutzkleidung und Masken werden in einem trockenen, kühlen Schrank aufbewahrt.
- o **Entsorgung**: Einweg-Schutzanzüge und -Masken werden in versiegelten Plastiktüten entsorgt.

Fazit

Die richtige Auswahl, Nutzung und Wartung von Schutzkleidung und Atemschutzmasken sind entscheidend, um die Exposition gegenüber radioaktiven Partikeln und anderen gefährlichen Stoffen nach einem nuklearen Angriff zu minimieren. Durch sorgfältige Vorbereitung und regelmäßige Wartung können Sie und Ihre Familie sicher und effektiv geschützt werden. Im nächsten Kapitel werden wir weitere technische Ausrüstungen und deren Nutzung besprechen, um Ihre Vorbereitung und Sicherheit zu verbessern.

8: Gemeinschaftliche Unterstützung
Vernetzung mit Nachbarn und lokalen Gemeinschaften

In Krisenzeiten ist die Vernetzung mit Nachbarn und lokalen Gemeinschaften von entscheidender Bedeutung. Eine starke Gemeinschaft kann Ressourcen und Informationen teilen, gemeinsame Schutzmaßnahmen ergreifen und sich gegenseitig in schwierigen Zeiten unterstützen. Hier sind detaillierte Schritte und Maßnahmen, um eine effektive Vernetzung und gemeinschaftliche Unterstützung zu gewährleisten.

Aufbau von Nachbarschaftsnetzwerken

1. **Initiative ergreifen**
   - **Erstkontakt**: Stellen Sie den ersten Kontakt mit Ihren Nachbarn her. Organisieren Sie ein Treffen, um sich kennenzulernen und über mögliche Krisenszenarien zu sprechen.
   - **Gemeinsame Interessen**: Finden Sie gemeinsame Interessen und Bedürfnisse, um die Grundlage für eine starke Gemeinschaft zu schaffen.
2. **Nachbarschaftsgruppen organisieren**
   - **Gruppe gründen**: Gründen Sie eine Nachbarschaftsgruppe, die sich regelmäßig trifft, um Notfallpläne und Schutzmaßnahmen zu besprechen.
   - **Verantwortlichkeiten verteilen**: Verteilen Sie Verantwortlichkeiten innerhalb der Gruppe, wie z.B. Kommunikation, medizinische Versorgung, Nahrungsmittel- und Wasserversorgung.
3. **Kommunikationsmittel etablieren**
   - **Telefonketten**: Erstellen Sie eine Telefonkette, um im Notfall schnell Informationen weiterzugeben.
   - **Digitale Plattformen**: Nutzen Sie digitale Plattformen wie WhatsApp-Gruppen, E-Mail-Verteiler oder spezielle Apps für Katastrophenschutz, um Informationen und Updates zu teilen.

Nuklearer Schutz: Vorbereitung für Berlin

Zusammenarbeit mit lokalen Gemeinschaften

1. **Lokale Organisationen einbeziehen**
   - **Gemeindeverwaltung**: Arbeiten Sie mit Ihrer Gemeindeverwaltung zusammen, um offizielle Informationen und Unterstützung zu erhalten.
   - **Rettungsdienste und Behörden**: Halten Sie Kontakt zu lokalen Rettungsdiensten, Feuerwehr und Polizei, um im Notfall schnelle Hilfe zu gewährleisten.
2. **Gemeinsame Übungen und Trainings**
   - **Notfallübungen**: Organisieren Sie regelmäßige Notfallübungen in Ihrer Nachbarschaft, um die Reaktionsfähigkeit zu verbessern.
   - **Schulungen**: Nehmen Sie an Schulungen und Workshops zum Thema Notfallvorsorge teil, die von lokalen Behörden oder gemeinnützigen Organisationen angeboten werden.
3. **Ressourcen teilen**
   - **Materialien und Ausrüstung**: Teilen Sie wichtige Materialien und Ausrüstungen wie Geigerzähler, Wasserfilter und Schutzkleidung.
   - **Nahrungsmittel- und Wasserversorgung**: Planen Sie gemeinsame Nahrungsmittel- und Wasservorräte, um im Notfall besser vorbereitet zu sein.

Unterstützung für besonders gefährdete Personen

1. **Identifizierung gefährdeter Personen**
   - **Vulnerable Gruppen**: Identifizieren Sie besonders gefährdete Personen in Ihrer Nachbarschaft, wie ältere Menschen, Menschen mit Behinderungen und Familien mit kleinen Kindern.
   - **Bedarfsanalyse**: Erstellen Sie eine Liste der besonderen Bedürfnisse dieser Personen, um gezielt Unterstützung anbieten zu können.
2. **Hilfsangebote koordinieren**
   - **Nachbarschaftspatenschaften**: Organisieren Sie Patenschaften, bei denen Familien oder Einzelpersonen sich speziell um gefährdete Nachbarn kümmern.

- **Transport und Betreuung**: Planen Sie Transportmöglichkeiten und Betreuung für den Fall einer Evakuierung oder längeren Notfallsituation.

3. **Psychosoziale Unterstützung**
   - **Gemeinschaftliche Aktivitäten**: Organisieren Sie gemeinschaftliche Aktivitäten, um soziale Isolation zu vermeiden und den Zusammenhalt zu stärken.
   - **Beratungsangebote**: Fördern Sie den Zugang zu psychologischen Beratungsdiensten und Selbsthilfegruppen.

Beispiel für gemeinschaftliche Unterstützung der Familie Müller

Familie Müller – Nachbarschaftsnetzwerk und lokale Gemeinschaft

1. **Aufbau des Netzwerks**
   - **Erstkontakt**: Hans und Sabine laden die Nachbarn zu einem ersten Treffen ein, um über Notfallvorsorge zu sprechen.
   - **Gruppe gründen**: Sie gründen die „Berliner Allee Notfallgruppe", die sich monatlich trifft.
2. **Kommunikation etablieren**
   - **Telefonkette**: Eine Telefonkette wird erstellt, um schnell Informationen weiterzugeben.
   - **WhatsApp-Gruppe**: Eine WhatsApp-Gruppe wird eingerichtet, um Neuigkeiten und wichtige Updates zu teilen.
3. **Zusammenarbeit mit lokalen Gemeinschaften**
   - **Gemeindeverwaltung**: Die Gruppe hält regelmäßig Kontakt zur Gemeindeverwaltung und nimmt an lokalen Notfallübungen teil.
   - **Ressourcen teilen**: Geigerzähler und Wasserfilter werden innerhalb der Gruppe geteilt.
4. **Unterstützung gefährdeter Personen**
   - **Identifizierung**: Die Gruppe identifiziert ältere Nachbarn und Familien mit kleinen Kindern, die besondere Unterstützung benötigen.

- **Nachbarschaftspatenschaften**: Sabine übernimmt die Patenschaft für eine ältere Nachbarin und hilft ihr bei der Notfallvorsorge.
- **Gemeinschaftliche Aktivitäten**: Regelmäßige gemeinschaftliche Aktivitäten werden organisiert, um den Zusammenhalt zu stärken.

Fazit

Eine starke Vernetzung mit Nachbarn und lokalen Gemeinschaften ist entscheidend für die effektive Bewältigung von Krisensituationen. Durch den Aufbau von Nachbarschaftsnetzwerken, die Zusammenarbeit mit lokalen Organisationen und die Unterstützung besonders gefährdeter Personen können Sie und Ihre Gemeinschaft besser auf Notfälle vorbereitet sein. Diese gemeinschaftliche Unterstützung trägt nicht nur zur physischen Sicherheit bei, sondern stärkt auch den sozialen Zusammenhalt und die Resilienz der Gemeinschaft. Im nächsten Kapitel werden wir weitere technische Ausrüstungen und deren Nutzung besprechen, um Ihre Vorbereitung und Sicherheit zu verbessern.

Koordination mit lokalen und nationalen Behörden

Die Koordination mit lokalen und nationalen Behörden ist entscheidend, um während und nach einem nuklearen Angriff gut informiert und unterstützt zu sein. Eine enge Zusammenarbeit mit diesen Behörden kann den Zugang zu wichtigen Ressourcen und Informationen erleichtern und die Effizienz der Krisenbewältigung verbessern. Hier sind detaillierte Schritte und Maßnahmen zur effektiven Koordination mit Behörden.

Vorbereitung und Kontaktaufnahme

1. **Informationsbeschaffung**
   - **Behördenkontakte**: Sammeln Sie Kontaktdaten lokaler und nationaler Behörden, die für Katastrophenschutz und Notfallmanagement zuständig sind (z.B. Bundesamt für

Bevölkerungsschutz und Katastrophenhilfe (BBK), lokale Gesundheitsämter, Polizei, Feuerwehr).
- **Informationsquellen**: Informieren Sie sich über offizielle Webseiten, Warn-Apps (z.B. NINA, Katwarn) und soziale Medienkanäle der Behörden.

2. **Erstkontakt und Kommunikation**
   - **Einführung**: Stellen Sie sich und Ihre Nachbarschaftsgruppe den lokalen Behörden vor und erklären Sie Ihre Notfallvorsorgepläne.
   - **Regelmäßige Kommunikation**: Etablieren Sie regelmäßige Kommunikationskanäle, um aktuelle Informationen und Anweisungen zu erhalten.

3. **Koordinationsübungen**
   - **Gemeinsame Übungen**: Nehmen Sie an Notfallübungen teil, die von den Behörden organisiert werden, und laden Sie Vertreter der Behörden ein, an Ihren lokalen Übungen teilzunehmen.
   - **Schulungen**: Besuchen Sie Schulungen und Informationsveranstaltungen der Behörden, um Ihre Kenntnisse zu vertiefen und auf dem neuesten Stand zu bleiben.

Notfallpläne und Zusammenarbeit

1. **Integration von Notfallplänen**
   - **Anpassung lokaler Pläne**: Passen Sie Ihre lokalen Notfallpläne an die offiziellen Notfallpläne der Behörden an, um eine kohärente und koordinierte Reaktion zu gewährleisten.
   - **Gemeinsame Ressourcen**: Identifizieren Sie gemeinsame Ressourcen und Unterstützungsmöglichkeiten, wie z.B. Notunterkünfte, medizinische Versorgung und Versorgungsdepots.

2. **Rollenverteilung und Verantwortlichkeiten**
   - **Klar definierte Rollen**: Definieren Sie klare Rollen und Verantwortlichkeiten innerhalb Ihrer Nachbarschaftsgruppe und stimmen Sie diese mit den Behörden ab.

- **Verantwortungsträger**: Bestimmen Sie Verantwortliche für die Kommunikation mit den Behörden und die Koordination von Maßnahmen vor Ort.

3. **Kontinuierliche Evaluierung und Anpassung**
   - **Feedbackschleifen**: Richten Sie Mechanismen ein, um regelmäßig Feedback von den Behörden und Ihrer Gemeinschaft zu erhalten und die Notfallpläne entsprechend anzupassen.
   - **Dokumentation**: Führen Sie Protokolle über Besprechungen, Übungen und Anpassungen, um einen transparenten und nachvollziehbaren Planungsprozess zu gewährleisten.

Nutzung offizieller Ressourcen und Unterstützung

1. **Notfallressourcen**
   - **Materialien und Ausrüstung**: Nutzen Sie von den Behörden bereitgestellte Materialien und Ausrüstungen, wie z.B. Informationsbroschüren, Notfallkits und medizinische Vorräte.
   - **Finanzielle Unterstützung**: Informieren Sie sich über verfügbare finanzielle Unterstützung und Förderprogramme für die Notfallvorsorge und den Wiederaufbau.
2. **Informationssysteme**
   - **Warn-Apps und Benachrichtigungen**: Installieren Sie offizielle Warn-Apps und stellen Sie sicher, dass alle Mitglieder Ihrer Gemeinschaft diese ebenfalls nutzen.
   - **Hotlines und Notrufnummern**: Machen Sie sich mit den Notrufnummern und Hotlines vertraut, die im Notfall kontaktiert werden können.
3. **Gemeinschaftliche Unterstützung und Versorgung**
   - **Evakuierungszentren**: Wissen Sie, wo sich die nächstgelegenen Evakuierungszentren befinden und wie Sie diese erreichen können.
   - **Medizinische Einrichtungen**: Halten Sie die Kontaktdaten und Standorte von Krankenhäusern, Notfallkliniken und Apotheken bereit.

Nuklearer Schutz: Vorbereitung für Berlin

Beispiel für die Koordination der Familie Müller mit Behörden

Familie Müller – Koordination mit lokalen und nationalen Behörden

1. **Vorbereitung und Kontaktaufnahme**
    - **Behördenkontakte**: Hans hat die Kontaktdaten der örtlichen Katastrophenschutzbehörde, des Gesundheitsamtes, der Polizei und der Feuerwehr gesammelt.
    - **Erstkontakt**: Sabine hat sich per E-Mail an die örtliche Katastrophenschutzbehörde gewandt und einen ersten Gesprächstermin vereinbart.
2. **Notfallpläne und Zusammenarbeit**
    - **Integration der Pläne**: Die „Berliner Allee Notfallgruppe" hat ihre Notfallpläne mit den offiziellen Plänen der Behörden abgestimmt.
    - **Rollenverteilung**: Anna wurde zur Verantwortlichen für die Kommunikation mit den Behörden ernannt, während Max die Koordination von Notfallmaßnahmen in der Nachbarschaft übernimmt.
3. **Nutzung offizieller Ressourcen**
    - **Warn-Apps**: Alle Familienmitglieder haben die NINA-App und Katwarn auf ihren Handys installiert.
    - **Notfallkits**: Die Familie hat offizielle Notfallkits der Katastrophenschutzbehörde erhalten und diese in ihrem Schutzraum integriert.
    - **Evakuierungszentren**: Die Familie kennt die Standorte der nächstgelegenen Evakuierungszentren und hat sich mit den Routen dorthin vertraut gemacht.

Fazit

Eine effektive Koordination mit lokalen und nationalen Behörden ist entscheidend, um im Notfall gut informiert und unterstützt zu sein. Durch den Aufbau regelmäßiger Kommunikationskanäle, die Integration von Notfallplänen und die Nutzung offizieller Ressourcen können Sie und Ihre Gemeinschaft besser auf Krisensituationen vorbereitet sein. Diese Zusammenarbeit stärkt nicht nur die individuelle Sicherheit, sondern auch die Resilienz der gesamten Gemeinschaft. Im nächsten Kapitel werden wir abschließend die wichtigsten Punkte zusammenfassen und zusätzliche Ressourcen und Informationen bereitstellen, um Ihre Vorbereitung und Sicherheit weiter zu verbessern.

Psychologische Unterstützung und Traumabewältigung

Nach einem nuklearen Angriff sind die psychischen Auswirkungen auf die Betroffenen erheblich. Traumatische Erlebnisse, Verlust von Angehörigen und die Umstellung auf eine neue Lebensrealität können zu Angst, Depression und posttraumatischen Belastungsstörungen (PTBS) führen. Hier sind detaillierte Schritte und Maßnahmen zur psychologischen Unterstützung und Traumabewältigung.

Sofortige psychologische Unterstützung

1. **Akute Krisenintervention**
    - **Krisenhotlines**: Nutzen Sie Notfall-Hotlines und psychologische Kriseninterventionsdienste, um sofortige Unterstützung zu erhalten.
    - **Erste psychologische Hilfe**: Lernen Sie grundlegende Techniken der psychologischen Ersten Hilfe, wie aktives Zuhören, Beruhigung und das Erkennen von akuten Stressreaktionen.
2. **Stabilisierung**
    - **Sichere Umgebung schaffen**: Stellen Sie eine sichere und beruhigende Umgebung her, um den Betroffenen ein Gefühl der Sicherheit zu vermitteln.
    - **Grundbedürfnisse sicherstellen**: Sorgen Sie für die Deckung der Grundbedürfnisse wie Nahrung, Wasser, Schlaf und Wärme, um die körperliche Stabilität zu unterstützen.

Nuklearer Schutz: Vorbereitung für Berlin

Langfristige psychologische Unterstützung

1. **Professionelle Hilfe suchen**
   - **Therapeuten und Berater**: Suchen Sie die Unterstützung von Psychologen, Therapeuten und Beratern, die auf Trauma spezialisiert sind.
   - **Gruppentherapie**: Nutzen Sie Gruppentherapiesitzungen, um Unterstützung und Austausch mit anderen Betroffenen zu fördern.
2. **Selbsthilfegruppen und Gemeinschaftsunterstützung**
   - **Selbsthilfegruppen**: Treten Sie Selbsthilfegruppen bei, um Erfahrungen auszutauschen und emotionale Unterstützung zu erhalten.
   - **Gemeinschaftsaktivitäten**: Beteiligen Sie sich an Gemeinschaftsaktivitäten, um soziale Isolation zu vermeiden und den Zusammenhalt zu stärken.
3. **Traumatherapie und spezialisierte Behandlungen**
   - **EMDR (Eye Movement Desensitization and Reprocessing)**: Diese Therapieform kann helfen, traumatische Erinnerungen zu verarbeiten und die Belastung zu reduzieren.
   - **CBT (Cognitive Behavioral Therapy)**: CBT hilft, negative Gedankenmuster zu erkennen und zu ändern, die durch das Trauma entstanden sind.

Bewältigungsstrategien und Resilienzförderung

1. **Stressbewältigungstechniken**
   - **Atemübungen und Meditation**: Atemübungen und Meditation können helfen, Stress zu reduzieren und die emotionale Stabilität zu verbessern.
   - **Progressive Muskelentspannung**: Diese Technik hilft, körperliche Spannungen abzubauen und das allgemeine Wohlbefinden zu steigern.
2. **Routinen und Struktur**
   - **Tagesablauf planen**: Ein strukturierter Tagesablauf kann helfen, ein Gefühl der Normalität und Kontrolle zu bewahren.

- 3. **Soziale Unterstützung**
  - o **Familienunterstützung**: Pflegen Sie enge Beziehungen zu Familienmitgliedern und bieten Sie gegenseitige Unterstützung.
  - o **Netzwerk aufbauen**: Erweitern Sie Ihr soziales Netzwerk durch Nachbarn und Freunde, um ein starkes Unterstützungsnetzwerk zu schaffen.

Kinder und Jugendliche unterstützen

1. **Kindgerechte Kommunikation**
   - o **Einfühlsamkeit**: Sprechen Sie einfühlsam und altersgerecht mit Kindern über das Erlebte, ohne sie zu überfordern.
   - o **Fragen beantworten**: Beantworten Sie die Fragen der Kinder ehrlich und klar, um Unsicherheiten zu reduzieren.
2. **Routine und Sicherheit**
   - o **Struktur bieten**: Schaffen Sie eine sichere und strukturierte Umgebung für Kinder, um ihnen Stabilität zu geben.
   - o **Spiel und Freizeit**: Ermöglichen Sie Kindern, durch Spiel und kreative Aktivitäten ihre Gefühle auszudrücken und zu verarbeiten.
3. **Professionelle Hilfe**
   - o **Kinderpsychologen**: Suchen Sie die Unterstützung von Kinderpsychologen, die auf die Arbeit mit traumatisierten Kindern spezialisiert sind.
   - o **Schulunterstützung**: Arbeiten Sie mit Schulen zusammen, um zusätzliche Unterstützung für betroffene Kinder bereitzustellen.

Beispiel für psychologische Unterstützung der Familie Müller

Familie Müller – Psychologische Unterstützung und Traumabewältigung

1. **Sofortige Unterstützung**
   - **Krisenhotline**: Sabine kontaktiert eine Krisenhotline für erste psychologische Unterstützung.
   - **Stabile Umgebung**: Hans schafft eine ruhige und sichere Umgebung zu Hause, indem er für ausreichend Nahrung, Wasser und Wärme sorgt.
2. **Langfristige Unterstützung**
   - **Therapie**: Die Familie sucht die Unterstützung eines Trauma Therapeuten und nimmt an regelmäßigen Sitzungen teil.
   - **Selbsthilfegruppe**: Sabine und Hans treten einer Selbsthilfegruppe für traumatisierte Überlebende bei.
3. **Bewältigungsstrategien**
   - **Atemübungen**: Die Familie praktiziert gemeinsam Atemübungen, um Stress abzubauen.
   - **Regelmäßige Aktivitäten**: Anna und Max werden ermutigt, ihre Hobbys fortzusetzen und an Gemeinschaftsaktivitäten teilzunehmen.
4. **Unterstützung für Kinder**
   - **Kindgerechte Kommunikation**: Sabine spricht regelmäßig mit Anna und Max über ihre Gefühle und beantwortet ihre Fragen altersgerecht.
   - **Spiel und Freizeit**: Die Kinder haben festen Spielzeiten und kreative Aktivitäten, um ihre Gefühle zu verarbeiten.

Fazit

Psychologische Unterstützung und Traumabewältigung sind wesentliche Bestandteile der Erholung nach einem nuklearen Angriff. Durch die Kombination von professioneller Hilfe, Selbsthilfegruppen, Bewältigungsstrategien und sozialer Unterstützung können Betroffene ihre psychische Gesundheit und Resilienz stärken. Eine besondere Aufmerksamkeit sollte dabei auch den Bedürfnissen von Kindern und Jugendlichen gewidmet werden, um ihre langfristige psychische Entwicklung zu unterstützen.

Nuklearer Schutz: Vorbereitung für Berlin

9: Spezifische Überlebensstrategien für Berlin
Berliner Schutzräume und Bunker

Berlin, als Hauptstadt Deutschlands, verfügt über eine Reihe von Schutzräumen und Bunkern, die im Falle eines nuklearen Angriffs oder anderer Katastrophen Schutz bieten können. Diese Einrichtungen sind sowohl öffentlich als auch privat und bieten unterschiedlichen Schutzgrad. Hier sind detaillierte Informationen über die verfügbaren Schutzräume und Bunker in Berlin sowie praktische Überlebensstrategien für deren Nutzung.

Öffentliche Schutzräume und Bunker

1. **Geschichte und aktuelle Nutzung**
   - **Historische Bunker**: Viele Bunker in Berlin stammen aus dem Zweiten Weltkrieg und dem Kalten Krieg. Einige dieser Bunker sind noch funktionsfähig und können im Notfall genutzt werden.
   - **Aktuelle Nutzung**: Einige der historischen Bunker werden heute als Museen, Lager oder kulturelle Einrichtungen genutzt, aber sie können im Notfall wieder in ihren ursprünglichen Zweck umgewandelt werden.
2. **Standorte und Zugänglichkeit**
   - **Hochbunker**: Diese überirdischen Bunker befinden sich in verschiedenen Stadtteilen. Beispiele sind der Hochbunker in der Pallasstraße in Schöneberg und der Reichsbahnbunker in der Reinhardtstraße in Mitte.
   - **Tiefbunker**: Unterirdische Bunker wie der Tiefbunker am Gesundbrunnen oder der Flakturm im Volkspark Humboldthain sind weitere Optionen.
   - **Schutzräume in U-Bahn-Stationen**: Einige U-Bahn-Stationen, wie die Stationen Gesundbrunnen und Potsdamer Platz, verfügen über Schutzräume, die im Notfall genutzt werden können.
3. **Ausstattung und Kapazität**
   - **Grundausstattung**: Öffentliche Schutzräume und Bunker sind in der Regel mit grundlegenden Notfallausstattungen

wie Luftfiltern, Notstromaggregaten und Wasseraufbereitungsanlagen ausgestattet.
- **Kapazität**: Die Kapazität variiert stark, von kleinen Schutzräumen für wenige Dutzend Personen bis hin zu großen Bunkern, die Hunderte aufnehmen können.

Nutzung und Vorbereitung

1. **Erkundung und Planung**
   - **Standorte kennen**: Informieren Sie sich über die Standorte der nächstgelegenen öffentlichen Schutzräume und Bunker in Ihrem Wohnbereich. Erstellen Sie eine Liste und markieren Sie die Routen dorthin.
   - **Zugang sicherstellen**: Überprüfen Sie, ob die Schutzräume und Bunker in Ihrer Nähe öffentlich zugänglich sind oder ob spezielle Genehmigungen erforderlich sind.
2. **Vorbereitung des eigenen Schutzraumes**
   - **Einfache Schutzräume**: Wenn Sie keinen Zugang zu einem öffentlichen Bunker haben, richten Sie den sichersten Raum in Ihrem Zuhause als Schutzraum ein. Ideal sind Keller oder Räume ohne Fenster und Außenwände.
   - **Ausstattung**: Statten Sie Ihren Schutzraum mit Notfallvorräten wie Wasser, Lebensmitteln, medizinischer Ausrüstung und Kommunikationsgeräten aus. Achten Sie auf ausreichende Belüftung und Schutz vor radioaktiven Partikeln.
3. **Notfallübungen und Kommunikation**
   - **Übungen durchführen**: Führen Sie regelmäßig Notfallübungen durch, um sicherzustellen, dass alle Familienmitglieder wissen, wie sie den Schutzraum schnell und sicher erreichen.
   - **Kommunikationsplan**: Erstellen Sie einen Kommunikationsplan für den Notfall. Stellen Sie sicher, dass alle Familienmitglieder wissen, wie sie in Kontakt bleiben und welche Treffpunkte vereinbart wurden.

Private Schutzräume und Bunker

1. **Bau und Nachrüstung**

Nuklearer Schutz: Vorbereitung für Berlin

- o **Neubau**: Erwägen Sie den Bau eines privaten Schutzbunkers, wenn dies finanziell und räumlich möglich ist. Ein professionell gebauter Bunker bietet den besten Schutz.
- o **Nachrüstung**: Bestehende Keller oder andere geeignete Räume können mit zusätzlichen Sicherheitsmaßnahmen wie verstärkten Türen, Luftfiltern und Schutzkleidung nachgerüstet werden.

2. **Finanzierung und Unterstützung**
   - o **Staatliche Unterstützung**: Informieren Sie sich über mögliche staatliche Förderprogramme oder Subventionen für den Bau oder die Nachrüstung von Schutzräumen.
   - o **Gemeinschaftliche Finanzierung**: Erwägen Sie, sich mit Nachbarn oder Gemeinschaftsgruppen zusammenzuschließen, um gemeinsame Schutzräume zu bauen und zu nutzen.

3. **Ausstattung und Wartung**
   - o **Vorräte lagern**: Lagern Sie ausreichend Vorräte für mindestens zwei Wochen, einschließlich Wasser, Lebensmittel, medizinischer Versorgung und Hygieneartikel.
   - o **Regelmäßige Wartung**: Überprüfen und warten Sie Ihre Schutzräume regelmäßig, um sicherzustellen, dass alle Systeme funktionsfähig sind und Vorräte nicht abgelaufen sind.

Beispiel für die Nutzung eines Schutzraumes in Berlin

Familie Müller – Nutzung eines öffentlichen Bunkers

1. **Erkundung und Planung**
   - o **Standorte**: Hans und Sabine haben die nächstgelegenen Bunker, wie den Hochbunker Pallasstraße und den Tiefbunker Gesundbrunnen, identifiziert.
   - o **Routenplanung**: Sie haben die schnellsten Routen zu diesen Bunkern geplant und mehrfach getestet.
2. **Vorbereitung des Schutzraumes zu Hause**

- **Kellerraum**: Der Kellerraum wurde als primärer Schutzraum eingerichtet, ausgestattet mit Notvorräten, Wasserfiltern und einem batteriebetriebenen Radio.
- **Luftfilter**: Ein tragbarer Luftfilter wurde installiert, um die Luft im Schutzraum zu reinigen.

3. **Notfallübungen und Kommunikation**
   - **Übungen**: Die Familie führt alle drei Monate Notfallübungen durch, bei denen alle Mitglieder den Kellerraum aufsuchen und die Schutzvorrichtungen überprüfen.
   - **Kommunikationsplan**: Ein detaillierter Plan wurde erstellt, um sicherzustellen, dass alle Familienmitglieder in Kontakt bleiben und wissen, welche Treffpunkte zu nutzen sind.

Fazit

Schutzräume und Bunker sind wesentliche Elemente der Notfallvorsorge in Berlin. Durch sorgfältige Planung, regelmäßige Übungen und die richtige Ausstattung können Sie und Ihre Familie im Notfall effektiv geschützt werden. Ob durch die Nutzung öffentlicher Einrichtungen oder den Bau privater Schutzräume, die Vorbereitung auf einen nuklearen Angriff oder andere Katastrophen ist entscheidend für die Sicherheit und das Wohlbefinden Ihrer Familie. Im nächsten Kapitel werden wir weitere spezifische Überlebensstrategien für Berlin und die Nutzung moderner Technologien zur Verbesserung Ihrer Sicherheitsvorbereitungen besprechen.

Nutzung öffentlicher Gebäude und Infrastruktur

Im Falle eines nuklearen Angriffs oder einer anderen schweren Krise ist es wichtig zu wissen, wie man öffentliche Gebäude und Infrastruktur in Berlin effektiv nutzen kann. Diese Einrichtungen bieten oft zusätzliche Ressourcen und Schutz, die für das Überleben entscheidend sein können. Hier sind detaillierte Schritte und Maßnahmen zur Nutzung öffentlicher Gebäude und Infrastruktur in Berlin.

Nuklearer Schutz: Vorbereitung für Berlin

Öffentliche Gebäude als Schutzräume

1. **Identifizierung geeigneter Gebäude**
    - **Rathäuser und Verwaltungsgebäude**: Viele dieser Gebäude sind robust gebaut und verfügen über Keller oder sichere Räume, die als temporäre Schutzräume genutzt werden können.
    - **Schulen und Universitäten**: Diese Einrichtungen haben oft große, stabile Gebäude mit vielen Räumen, die Schutz bieten können.
    - **Krankenhäuser und Kliniken**: Neben medizinischer Versorgung bieten diese Gebäude auch Schutz und haben meist Notfallpläne und Ressourcen.
2. **Zugänglichkeit und Erreichbarkeit**
    - **Öffnungszeiten und Zugänge**: Informieren Sie sich über die Zugänglichkeit dieser Gebäude, insbesondere welche Eingänge genutzt werden können und ob sie rund um die Uhr zugänglich sind.
    - **Transportwege**: Planen Sie die besten Routen zu diesen Gebäuden von Ihrem Zuhause aus und haben Sie Alternativrouten für den Fall von Straßensperrungen oder Verkehrsbehinderungen.
3. **Vorbereitung und Zusammenarbeit**
    - **Kontaktaufnahme**: Kontaktieren Sie im Voraus lokale Behörden oder Institutionen, um zu erfahren, welche öffentlichen Gebäude im Notfall als Schutzräume genutzt werden können.
    - **Gemeinschaftsinitiativen**: Arbeiten Sie mit Nachbarn und lokalen Gemeinschaftsgruppen zusammen, um gemeinsame Pläne für die Nutzung dieser Gebäude zu erstellen.

Nutzung öffentlicher Infrastruktur

1. **U-Bahn- und S-Bahn-Stationen**
    - **Unterirdische Schutzräume**: Viele U-Bahn-Stationen verfügen über tiefe, unterirdische Bereiche, die Schutz vor Strahlung und Explosionen bieten.

- Zugänglichkeit: Erkundigen Sie sich, welche U-Bahn- und S-Bahn-Stationen in Ihrer Nähe im Notfall zugänglich sind und wie Sie diese sicher erreichen können.
- Notfallpläne: Informieren Sie sich über die Notfallpläne der Berliner Verkehrsbetriebe (BVG) und Deutsche Bahn, die Schutz und Evakuierung betreffen.

2. **Öffentliche Parks und Grünanlagen**
   - Freiflächen als Sammelplätze: Parks und Grünanlagen können als Sammelplätze und provisorische Unterkünfte genutzt werden, insbesondere wenn Gebäude gefährdet sind.
   - Zugang zu Wasserquellen: Viele Parks haben Brunnen oder Teiche, die als Notwasserquellen genutzt werden können, allerdings ist eine Wasseraufbereitung erforderlich.

3. **Sporthallen und Stadien**
   - Großflächige Schutzräume: Sporthallen und Stadien bieten viel Platz und können viele Menschen aufnehmen. Diese Einrichtungen sind oft mit grundlegenden sanitären Einrichtungen und Notfallplänen ausgestattet.
   - Notfallnutzung: Informieren Sie sich im Voraus über die Möglichkeiten, diese Einrichtungen im Notfall zu nutzen, und klären Sie Zugangsvoraussetzungen und Zuständigkeiten.

Praktische Schritte zur Vorbereitung

1. **Erkundung und Information**
   - Erkundungstouren: Machen Sie regelmäßige Erkundungstouren zu den identifizierten öffentlichen Gebäuden und Infrastrukturen, um sich mit den örtlichen Gegebenheiten vertraut zu machen.
   - Informationsbeschaffung: Sammeln Sie Broschüren, Karten und Notfallinformationen von lokalen Behörden und Institutionen.

2. **Notfallausstattung**
   - Persönliche Notfallkits: Packen Sie Notfallrucksäcke mit den wichtigsten Überlebensutensilien wie Wasser, Lebensmittel, medizinische Versorgung und Kommunikationsgeräte.

- **Schutzkleidung und Masken**: Halten Sie Schutzkleidung und Atemschutzmasken bereit, um sich vor radioaktiven Partikeln zu schützen.
3. **Kommunikation und Koordination**
    - **Kontaktlisten**: Erstellen Sie Kontaktlisten mit den Telefonnummern und E-Mail-Adressen von Nachbarn, lokalen Behörden und Institutionen.
    - **Kommunikationspläne**: Entwickeln Sie Kommunikationspläne, um im Notfall schnell und effizient Informationen weitergeben zu können.

Beispiel für die Nutzung öffentlicher Gebäude und Infrastruktur durch die Familie Müller

Familie Müller – Nutzung öffentlicher Gebäude und Infrastruktur

1. **Identifizierung geeigneter Gebäude**
    - **Schulen und Rathäuser**: Hans hat die nächstgelegene Schule und das Rathaus in der Nähe ihres Wohnortes identifiziert und Kontakte zu den Verwaltungsmitarbeitern geknüpft.
    - **Krankenhaus**: Sabine kennt die Adresse und den Notfallzugang des nächstgelegenen Krankenhauses.
2. **U-Bahn- und S-Bahn-Stationen**
    - **Gesundbrunnen**: Die Familie hat den U-Bahnhof Gesundbrunnen als möglichen Schutzraum erkundet und den besten Zugangsweg geplant.
    - **Notfallpläne**: Anna hat die Notfallpläne der BVG heruntergeladen und studiert.
3. **Sporthallen und Parks**
    - **Sporthalle**: Die Familie weiß, dass die Sporthalle in der Nähe ihres Wohnorts im Notfall genutzt werden kann und hat eine Liste der erforderlichen Kontaktpersonen erstellt.
    - **Parks**: Sie haben den nahegelegenen Park als möglichen Sammelplatz markiert und die Wasserquellen überprüft.
4. **Notfallausstattung**
    - **Notfallrucksäcke**: Jeder in der Familie hat einen persönlichen Notfallrucksack gepackt und griffbereit.

- o **Schutzkleidung**: Schutzanzüge und Atemschutzmasken sind im Haus an leicht zugänglichen Stellen bereitgelegt.
5. **Kommunikation und Koordination**
    - o **Kontaktlisten**: Eine vollständige Kontaktliste mit allen relevanten Telefonnummern und E-Mail-Adressen ist erstellt und mehrfach verteilt.
    - o **Kommunikationspläne**: Ein detaillierter Kommunikationsplan für den Notfall wurde ausgearbeitet und in der Familie geübt.

Fazit

Die Nutzung öffentlicher Gebäude und Infrastruktur ist ein wesentlicher Bestandteil der Notfallvorsorge in Berlin. Durch sorgfältige Planung, regelmäßige Erkundung und effektive Kommunikation können Sie und Ihre Familie die vorhandenen Ressourcen optimal nutzen und sich besser auf einen nuklearen Angriff oder andere schwere Krisen vorbereiten. Im nächsten Kapitel werden wir spezifische Überlebensstrategien für Berlin weiter vertiefen und die Nutzung moderner Technologien zur Verbesserung Ihrer Sicherheitsvorbereitungen besprechen.

Fluchtwege und sichere Zonen in und um Berlin

Im Falle eines nuklearen Angriffs oder einer anderen schweren Krise ist die Kenntnis von Fluchtwegen und sicheren Zonen in und um Berlin von entscheidender Bedeutung. Diese Informationen helfen Ihnen, sich und Ihre Familie schnell in Sicherheit zu bringen. Hier sind detaillierte Schritte und Maßnahmen zur Planung und Nutzung von Fluchtwegen und sicheren Zonen.

Identifizierung von Fluchtwegen

1. **Hauptverkehrswege**
    - o **Autobahnen**: Die wichtigsten Autobahnen, die aus Berlin herausführen, sind die A100 (Berliner Stadtring), A10

(Berliner Ring), A111, A113, A115 und A24. Diese Autobahnen sind primäre Fluchtwege aus der Stadt.
- **Bundesstraßen**: Zusätzliche Bundesstraßen wie die B1, B2, B5, B96 und B101 können als Alternativrouten genutzt werden.

2. **Öffentliche Verkehrsmittel**
   - **Züge und S-Bahnen**: Informieren Sie sich über die Fahrpläne und Strecken der Regional- und Fernzüge sowie der S-Bahn, die aus Berlin herausführen. Die wichtigsten Bahnhöfe sind der Hauptbahnhof, Südkreuz, Ostbahnhof und Spandau.
   - **Busse**: Nutzen Sie Fernbuslinien, die von verschiedenen Busbahnhöfen wie dem ZOB (Zentraler Omnibusbahnhof) abfahren.

3. **Evakuierungspläne der Stadt**
   - **Offizielle Evakuierungsrouten**: Informieren Sie sich über die von den Berliner Behörden festgelegten Evakuierungsrouten und Pläne. Diese sind oft auf der Website der Stadt und in offiziellen Broschüren verfügbar.

Planung sicherer Zonen

1. **Außerhalb Berlins**
   - **Kleinere Städte und Dörfer**: Suchen Sie nach kleineren Städten und Dörfern in Brandenburg, die als sichere Zufluchtsorte dienen können. Beispiele sind Potsdam, Oranienburg, Eberswalde und Luckenwalde.
   - **Naturschutzgebiete und Wälder**: Große Waldgebiete wie der Grunewald, die Müritz-Nationalpark-Region oder der Spreewald bieten natürlichen Schutz und Abgeschiedenheit.

2. **Öffentliche Einrichtungen**
   - **Schulen und Sporthallen**: Viele kleinere Gemeinden haben Schulen und Sporthallen, die als Notunterkünfte dienen können.
   - **Gemeindehäuser und Kirchen**: Diese Einrichtungen bieten oft Schutz und Unterstützung in Krisenzeiten.

3. **Private Unterkünfte**

- **Freunde und Verwandte**: Identifizieren Sie Freunde oder Verwandte, die außerhalb von Berlin wohnen und bei denen Sie Zuflucht finden können.
- **Ferienwohnungen und Hotels**: Suchen Sie nach Ferienwohnungen, Pensionen und Hotels in sicheren Zonen, die im Notfall gebucht werden können.

Vorbereitung und Planung

1. **Routen planen und testen**
   - **Primäre und sekundäre Routen**: Planen Sie mehrere Fluchtwege aus der Stadt, einschließlich primärer und sekundärer Routen, für den Fall, dass einige Straßen blockiert sind.
   - **Testfahrten**: Machen Sie Testfahrten auf diesen Routen, um sich mit den Wegen vertraut zu machen und mögliche Engpässe zu identifizieren.
2. **Flucht- und Notfallrucksäcke**
   - **Packen**: Stellen Sie sicher, dass jeder in Ihrer Familie einen gepackten Flucht- und Notfallrucksack hat, der wichtige Dokumente, Medikamente, Lebensmittel, Wasser und Kleidung enthält.
   - **Zugriff**: Bewahren Sie die Rucksäcke an einem leicht zugänglichen Ort auf, um im Notfall schnell reagieren zu können.
3. **Kommunikationsplan**
   - **Notfallkontakte**: Erstellen Sie eine Liste mit Notfallkontakten und -nummern, einschließlich der Telefonnummern von Freunden und Verwandten in sicheren Zonen.
   - **Treffpunkte**: Vereinbaren Sie Treffpunkte innerhalb und außerhalb von Berlin, falls die Familie getrennt wird.

Beispiel für die Planung der Familie Müller

Familie Müller – Fluchtwege und sichere Zonen

1. **Identifizierung von Fluchtwegen**

- **Hauptverkehrswege**: Hans hat die A100 und A10 als primäre Fluchtwege identifiziert und die B1 und B96 als Alternativrouten geplant.
- **Öffentliche Verkehrsmittel**: Sabine kennt die Abfahrtszeiten der Regionalzüge vom Hauptbahnhof und Südkreuz und hat eine Liste der wichtigsten Busverbindungen erstellt.

2. **Sichere Zonen**
   - **Kleinere Städte**: Die Familie plant, nach Potsdam oder Oranienburg zu fliehen, da sie dort Freunde haben, die ihnen Unterschlupf bieten können.
   - **Naturschutzgebiete**: Als Backup-Plan haben sie den Grunewald und den Spreewald als sichere Zufluchtsorte identifiziert.

3. **Vorbereitung und Planung**
   - **Routen planen und testen**: Hans und Sabine haben alle geplanten Routen getestet und mögliche Engpässe notiert.
   - **Flucht- und Notfallrucksäcke**: Jeder in der Familie hat einen gepackten Notfallrucksack, der an einem zentralen Ort im Haus aufbewahrt wird.
   - **Kommunikationsplan**: Sie haben eine Liste mit Notfallkontakten erstellt und feste Treffpunkte innerhalb und außerhalb der Stadt vereinbart.

Fazit

Die Kenntnis von Fluchtwegen und sicheren Zonen sowie eine sorgfältige Planung und Vorbereitung sind entscheidend, um im Notfall schnell und sicher reagieren zu können. Durch regelmäßige Übungen und eine umfassende Planung können Sie und Ihre Familie besser auf einen nuklearen Angriff oder andere schwere Krisen vorbereitet sein. Im nächsten Kapitel werden wir weitere spezifische Überlebensstrategien für Berlin vertiefen und die Nutzung moderner Technologien zur Verbesserung Ihrer Sicherheitsvorbereitungen besprechen.

Beispielhafte Szenarien und mögliche Handlungsweisen

Um in einer Krise gut vorbereitet zu sein, ist es hilfreich, verschiedene Szenarien durchzuspielen und konkrete Handlungsweisen festzulegen. Hier sind einige beispielhafte Szenarien eines nuklearen Angriffs in Berlin und die entsprechenden Handlungsweisen.

Szenario 1: Nuklearer Angriff während der Arbeitszeit

Zeitpunkt: Wochentag, 11:30 Uhr

Ort: Innenstadt von Berlin

Beteiligte: Hans ist im Büro in Mitte, Sabine ist zu Hause in Pankow, Anna und Max sind in der Schule in Prenzlauer Berg.

Handlungsweise:

1. **Erste Reaktion auf die Explosion**
   - **Blitz und Druckwelle**: Alle Beteiligten gehen sofort in Deckung. Hans und seine Kollegen suchen Schutz unter ihren Schreibtischen oder in inneren Räumen ohne Fenster. Sabine und die Kinder legen sich im Haus bzw. in der Schule flach auf den Boden und bedecken ihre Köpfe.
   - **Schutzräume aufsuchen**: Sobald die Druckwelle vorbei ist, suchen alle den nächstgelegenen Schutzraum auf. Hans begibt sich in den Keller des Bürogebäudes, Sabine in den vorbereiteten Kellerraum zu Hause und Anna und Max in den Schutzraum der Schule.
2. **Kommunikation und Informationsbeschaffung**
   - **Kommunikationsplan**: Die Familie nutzt die vereinbarten Kommunikationsmittel. Hans und Sabine senden kurze Textnachrichten, um ihren Status zu melden. Anna und Max informieren ihre Lehrer, die die Kommunikation koordinieren.
   - **Radio und Warn-Apps**: Sabine hört Nachrichten über das batteriebetriebene Radio und nutzt die NINA-App, um aktuelle Informationen zu erhalten.
3. **Weitere Maßnahmen**

Nuklearer Schutz: Vorbereitung für Berlin

- **Abdichtung der Schutzräume**: Alle schließen Fenster und Türen und dichten sie ab, um das Eindringen von radioaktiven Partikeln zu verhindern.
- **Erste-Hilfe-Maßnahmen**: Verletzte Personen werden mit den vorhandenen Erste-Hilfe-Kits versorgt.
- **Warten auf Anweisungen**: Alle warten auf weitere Anweisungen von den Behörden und verlassen die Schutzräume erst, wenn es als sicher erklärt wird.

Szenario 2: Nuklearer Angriff während der Nacht

Zeitpunkt: Wochentag, 2:00 Uhr

Ort: Vorort von Berlin (Pankow)

Beteiligte: Die ganze Familie ist zu Hause.

Handlungsweise:

1. **Erste Reaktion auf die Explosion**
   - **Blitz und Druckwelle**: Alle Familienmitglieder gehen sofort in Deckung, legen sich flach auf den Boden und bedecken ihre Köpfe.
   - **Schutzraum aufsuchen**: Sobald die Druckwelle vorbei ist, begeben sich alle in den vorbereiteten Kellerraum.
2. **Sofortige Maßnahmen im Schutzraum**
   - **Abdichtung**: Sabine und Hans dichten die Fenster und Türen mit Plastikfolie und Klebeband ab.
   - **Schutzkleidung**: Alle ziehen die bereitgelegten Schutzanzüge und Atemschutzmasken an.
3. **Kommunikation und Informationsbeschaffung**
   - **Radio und Warn-Apps**: Hans schaltet das batteriebetriebene Radio ein und empfängt Nachrichten. Sabine überprüft die NINA-App für aktuelle Warnungen.
   - **Familienkommunikation**: Sie informieren sich gegenseitig über ihren Zustand und planen die nächsten Schritte.
4. **Verlassen des Schutzraumes**
   - **Strahlungsmessung**: Nach 48 Stunden misst Hans die Strahlenbelastung mit dem Geigerzähler.

Nuklearer Schutz: Vorbereitung für Berlin

- **Dekontamination**: Bevor sie den Schutzraum verlassen, duschen alle gründlich und ziehen saubere Kleidung an.

Szenario 3: Evakuierung nach offizieller Anweisung

Zeitpunkt: Wochenende, 14:00 Uhr

Ort: Stadtrand von Berlin

Beteiligte: Die ganze Familie ist zu Hause.

Handlungsweise:

1. **Erhalt der Evakuierungsanweisung**
   - **Warnung über Radio und Apps**: Sabine hört die Evakuierungsanweisung im Radio und erhält eine Benachrichtigung über die NINA-App.
   - **Sofortige Vorbereitung**: Alle packen ihre Notfallrucksäcke und ziehen Schutzkleidung und Atemschutzmasken an.
2. **Verlassen des Hauses**
   - **Routenplanung**: Hans hat die Route zur nächsten Evakuierungszone bereits geplant. Die Familie nutzt die B96, um die Stadt in Richtung Norden zu verlassen.
   - **Transport**: Sie fahren mit dem Auto und halten die Fenster geschlossen. Hans überprüft regelmäßig die Strahlenbelastung.
3. **Ankunft in der Evakuierungszone**
   - **Ankunft**: Die Familie erreicht die Evakuierungszone in Oranienburg, wo sie von lokalen Behörden in Empfang genommen und registriert wird.
   - **Unterkunft**: Sie werden in einer Sporthalle untergebracht, die als temporäre Notunterkunft dient.
4. **Weitere Schritte**
   - **Informationsbeschaffung**: Hans und Sabine informieren sich über die Situation und die nächsten Schritte.
   - **Psychologische Unterstützung**: Die Familie nutzt die angebotenen psychosozialen Unterstützungsdienste.

Szenario 4: Langfristige Anpassung und Wiederaufbau

Nuklearer Schutz: Vorbereitung für Berlin

Zeitpunkt: Einige Wochen nach dem Angriff

Ort: Evakuierungszone in Brandenburg

Beteiligte: Die ganze Familie ist in einer temporären Unterkunft.

Handlungsweise:

1. **Wiederaufbaupläne**
   - **Unterstützung anfordern**: Hans und Sabine beantragen staatliche Unterstützung für den Wiederaufbau und erhalten finanzielle Hilfe.
   - **Neue Unterkunft**: Die Familie plant, vorübergehend bei Verwandten in Potsdam zu wohnen.
2. **Psychologische Anpassung**
   - **Therapie**: Alle Familienmitglieder nehmen an regelmäßigen Therapie- und Beratungsstunden teil, um das Trauma zu verarbeiten.
   - **Gemeinschaftsaktivitäten**: Die Familie beteiligt sich an Gemeinschaftsaktivitäten, um soziale Kontakte zu pflegen und Unterstützung zu erhalten.
3. **Langfristige Sicherheitsmaßnahmen**
   - **Neue Schutzräume**: Hans plant den Bau eines neuen Schutzraums in ihrem zukünftigen Zuhause.
   - **Notfallvorsorge**: Sabine aktualisiert die Notfallpläne und stellt sicher, dass alle Vorräte regelmäßig überprüft und ersetzt werden.

Fazit

Das Durchspielen verschiedener Szenarien und die Planung spezifischer Handlungsweisen sind wesentliche Schritte zur Vorbereitung auf einen nuklearen Angriff oder andere schwere Krisen. Durch regelmäßige Übungen und die Entwicklung detaillierter Notfallpläne können Sie und Ihre Familie besser auf unvorhersehbare Ereignisse reagieren und Ihre Überlebenschancen maximieren.

10: Bildung und Training
Regelmäßige Übungen und deren Durchführung

Regelmäßige Übungen und Trainingseinheiten sind entscheidend, um sicherzustellen, dass alle Familienmitglieder wissen, wie sie in einer Krisensituation richtig reagieren. Diese Übungen helfen, die Notfallpläne zu verinnerlichen und potenzielle Schwachstellen zu identifizieren und zu beheben. Hier sind detaillierte Schritte und Maßnahmen zur Durchführung regelmäßiger Übungen.

Planung und Vorbereitung

1. **Zielsetzung**
   - **Erwartete Ergebnisse**: Definieren Sie klare Ziele für jede Übung, z.B. schnelle Evakuierung, effektive Nutzung des Schutzraums, Kommunikationssicherheit.
   - **Szenarien Auswahl**: Wählen Sie realistische Szenarien, die verschiedene Aspekte der Notfallvorsorge abdecken, z.B. nuklearer Angriff während der Arbeitszeit, Evakuierung bei Nacht.
2. **Rollenverteilung**
   - **Aufgaben zuweisen**: Weisen Sie jedem Familienmitglied spezifische Aufgaben zu, um sicherzustellen, dass alle wissen, was sie tun sollen.
   - **Verantwortlichkeiten**: Bestimmen Sie Verantwortliche für die Leitung der Übungen und die Überwachung der Durchführung.
3. **Zeitplan erstellen**
   - **Regelmäßigkeit**: Planen Sie Übungen in regelmäßigen Abständen, z.B. monatlich oder vierteljährlich.
   - **Flexibilität**: Berücksichtigen Sie unterschiedliche Tageszeiten und Wochentage, um die Reaktion auf verschiedene Szenarien zu testen.

Durchführung der Übungen

1. **Übungsbeginn**

Nuklearer Schutz: Vorbereitung für Berlin

- o **Startsignal**: Verwenden Sie ein festgelegtes Signal oder eine Ankündigung, um die Übung zu starten.
- o **Realistische Bedingungen**: Simulieren Sie die Bedingungen so realistisch wie möglich, z.B. Dunkelheit bei Nachtübungen, laute Geräusche zur Simulation einer Explosion.

2. **Evakuierungsübung**
   - o **Evakuierungsrouten**: Üben Sie die geplanten Evakuierungsrouten sowohl zu Fuß als auch mit dem Auto.
   - o **Treffpunkte**: Stellen Sie sicher, dass alle den vereinbarten Treffpunkt außerhalb des Hauses erreichen.

3. **Nutzung des Schutzraums**
   - o **Zugang zum Schutzraum**: Üben Sie den schnellen Zugang zum Schutzraum und das richtige Verhalten dort.
   - o **Abdichtung und Schutzmaßnahmen**: Simulieren Sie das Abdichten von Türen und Fenstern und das Anlegen von Schutzkleidung und Atemschutzmasken.

4. **Kommunikation**
   - o **Notfallkontakte**: Testen Sie die Kontaktaufnahme mit Notfallkontakten und die Nutzung von Kommunikationsgeräten.
   - o **Informationsbeschaffung**: Üben Sie das Einholen von Informationen über Radio und Warn-Apps.

5. **Erste-Hilfe-Training**
   - o **Grundlagen der Ersten Hilfe**: Üben Sie grundlegende Erste-Hilfe-Maßnahmen wie die Behandlung von Schnittwunden, Verbrennungen und Schock.
   - o **Verwendung des Erste-Hilfe-Kits**: Stellen Sie sicher, dass alle Familienmitglieder wissen, wo das Erste-Hilfe-Kit aufbewahrt wird und wie es zu verwenden ist.

Nachbereitung und Auswertung

1. **Debriefing**
   - o **Feedback-Runde**: Führen Sie nach jeder Übung eine Feedback-Runde durch, bei der alle Familienmitglieder ihre Erfahrungen und Beobachtungen teilen.
   - o **Schwachstellenanalyse**: Identifizieren Sie Schwachstellen und Bereiche, die verbessert werden müssen.

2. **Dokumentation**
   - **Protokoll führen**: Führen Sie ein Protokoll über jede Übung, einschließlich Datum, Uhrzeit, Szenario und den dabei gemachten Erfahrungen.
   - **Lernpunkte festhalten**: Notieren Sie die wichtigsten Lernpunkte und Verbesserungsmöglichkeiten.
3. **Anpassung der Pläne**
   - **Planüberarbeitung**: Passen Sie die Notfallpläne basierend auf den Ergebnissen der Übungen an.
   - **Fortlaufende Verbesserung**: Überprüfen und verbessern Sie regelmäßig die Notfallpläne und -strategien.

Beispiel für eine Übung der Familie Müller

Familie Müller – Durchführung einer Evakuierungsübung

1. **Vorbereitung**
   - **Szenario**: Nuklearer Angriff an einem Wochentag, 15:00 Uhr.
   - **Rollenverteilung**: Hans überprüft den Schutzraum, Sabine koordiniert die Evakuierung, Anna und Max sammeln die Notfallrucksäcke ein.
2. **Durchführung**
   - **Startsignal**: Sabine startet die Übung mit einem festgelegten Signal (lautes Hupen).
   - **Evakuierungsroute**: Die Familie verlässt das Haus gemäß der geplanten Route und fährt mit dem Auto zum vereinbarten Treffpunkt außerhalb der Stadt.
   - **Nutzung des Schutzraums**: Nach der Rückkehr simulieren sie das Aufsuchen des Schutzraums, das Abdichten der Fenster und das Anlegen von Schutzkleidung.
3. **Kommunikation**
   - **Kontaktaufnahme**: Hans sendet eine Textnachricht an den festgelegten Notfallkontakt und überprüft die NINA-App.
   - **Radio**: Sabine schaltet das batteriebetriebene Radio ein und überprüft die Nachrichten.
4. **Erste-Hilfe-Training**

- o **Behandlung simulieren**: Anna und Max üben die Behandlung einer simulierten Schnittwunde an einem der Familienmitglieder.
5. **Nachbereitung**
   - o **Feedback-Runde**: Die Familie diskutiert, was gut funktioniert hat und wo Verbesserungen notwendig sind.
   - o **Dokumentation**: Hans führt Protokoll über die Übung und die besprochenen Verbesserungen.
6. **Anpassung der Pläne**
   - o **Planüberarbeitung**: Basierend auf der Übung passen sie die Notfallpläne an, z.B. verbessern sie die Zugänglichkeit der Notfallrucksäcke.

Fazit

Regelmäßige Übungen und Trainingseinheiten sind entscheidend, um die Reaktionsfähigkeit und Sicherheit Ihrer Familie in einer Krisensituation zu verbessern. Durch sorgfältige Planung, Durchführung und Auswertung dieser Übungen können Sie sicherstellen, dass alle Familienmitglieder auf mögliche Notfälle vorbereitet sind und wissen, wie sie sicher und effektiv handeln können.

Schulungen und Informationsveranstaltungen

Schulungen und Informationsveranstaltungen sind wesentliche Bestandteile der Notfallvorbereitung. Sie bieten die Möglichkeit, spezifische Fähigkeiten zu erlernen, aktuelle Informationen zu erhalten und sich mit Experten und anderen Betroffenen auszutauschen. Hier sind detaillierte Schritte und Maßnahmen zur Nutzung von Schulungen und Informationsveranstaltungen zur Verbesserung Ihrer Notfallvorsorge.

Arten von Schulungen und Informationsveranstaltungen

Nuklearer Schutz: Vorbereitung für Berlin

1. **Erste-Hilfe-Kurse**
   - **Grundlagen der Ersten Hilfe**: Lernen Sie grundlegende Erste-Hilfe-Maßnahmen, einschließlich Herz-Lungen-Wiederbelebung (HLW), Behandlung von Wunden und Verbrennungen sowie Schockbehandlung.
   - **Spezielle Kurse**: Nehmen Sie an speziellen Kursen teil, die sich auf die Behandlung von Verletzungen durch nukleare, biologische oder chemische Gefahren konzentrieren.
2. **Notfall- und Katastrophenmanagement**
   - **Notfallpläne entwickeln**: Lernen Sie, wie man effektive Notfallpläne erstellt und umsetzt.
   - **Risikobewertung**: Erfahren Sie, wie Sie Risiken identifizieren und bewerten können, um geeignete Vorsorgemaßnahmen zu treffen.
3. **Strahlenschutz und Dekontamination**
   - **Strahlenschutzgrundlagen**: Schulungen über die Grundlagen des Strahlenschutzes, den Umgang mit Strahlungsmessgeräten und Maßnahmen zur Minimierung der Strahlenexposition.
   - **Dekontaminationsverfahren**: Lernen Sie, wie Sie Personen, Ausrüstung und Umgebungen effektiv dekontaminieren.
4. **Psychologische Erste Hilfe**
   - **Traumabewältigung**: Erfahren Sie, wie Sie Menschen in akuten Krisensituationen psychologisch unterstützen und traumatische Erfahrungen verarbeiten können.
   - **Kommunikationstechniken**: Lernen Sie Techniken zur effektiven Kommunikation mit Betroffenen und deren Angehörigen.
5. **Gemeinschaftliche Notfallvorsorge**
   - **Netzwerkbildung**: Veranstaltungen zur Förderung der Zusammenarbeit und Vernetzung mit Nachbarn und lokalen Gemeinschaftsgruppen.
   - **Ressourcen teilen**: Workshops und Seminare zur gemeinsamen Nutzung von Ressourcen und zur Organisation gemeinschaftlicher Schutzmaßnahmen.

Planung und Teilnahme an Schulungen

1. **Informationen einholen**
   - **Lokale Anbieter**: Informieren Sie sich über lokale Anbieter von Notfallkursen, wie das Deutsche Rote Kreuz, die Johanniter-Unfall-Hilfe und andere gemeinnützige Organisationen.
   - **Online-Ressourcen**: Nutzen Sie Online-Plattformen und Websites, um Informationen über verfügbare Kurse und Veranstaltungen zu erhalten.
2. **Anmeldung und Teilnahme**
   - **Kursanmeldung**: Melden Sie sich frühzeitig für Kurse an, um einen Platz zu sichern. Viele Kurse sind schnell ausgebucht.
   - **Teilnahme**: Nehmen Sie aktiv an den Schulungen teil, stellen Sie Fragen und beteiligen Sie sich an praktischen Übungen.
3. **Weiterbildung und Zertifizierung**
   - **Zertifikate**: Schließen Sie Kurse mit Zertifikaten ab, um Ihre Kenntnisse und Fähigkeiten nachzuweisen.
   - **Fortgeschrittene Schulungen**: Nehmen Sie regelmäßig an Fortgeschrittenenkursen teil, um Ihr Wissen auf dem neuesten Stand zu halten und weiter zu vertiefen.

Organisation eigener Informationsveranstaltungen

1. **Planung und Vorbereitung**
   - **Ziele und Inhalte**: Definieren Sie die Ziele der Veranstaltung und planen Sie die Inhalte entsprechend. Berücksichtigen Sie dabei die Bedürfnisse und Interessen der Teilnehmer.
   - **Referenten und Experten**: Laden Sie Experten und Fachleute ein, die Vorträge halten und praktische Demonstrationen durchführen können.
2. **Einladungen und Werbung**
   - **Teilnehmer einladen**: Erstellen Sie eine Liste potenzieller Teilnehmer und versenden Sie Einladungen per E-Mail, soziale Medien oder persönliche Ansprache.
   - **Werbung**: Nutzen Sie lokale Medien, Gemeindeblätter und Aushänge, um auf die Veranstaltung aufmerksam zu machen.

3. **Durchführung der Veranstaltung**
   - **Agenda und Ablauf**: Erstellen Sie eine detaillierte Agenda und einen Ablaufplan für die Veranstaltung.
   - **Praktische Übungen**: Integrieren Sie praktische Übungen und Workshops, um die Teilnehmer aktiv einzubinden und die Lerninhalte zu vertiefen.
4. **Nachbereitung**
   - **Feedback einholen**: Sammeln Sie Feedback von den Teilnehmern, um die Veranstaltung zu bewerten und zukünftige Veranstaltungen zu verbessern.
   - **Dokumentation**: Dokumentieren Sie die wichtigsten Punkte und Erkenntnisse der Veranstaltung und teilen Sie diese mit den Teilnehmern.

Beispiel für Schulungen und Informationsveranstaltungen der Familie Müller

Familie Müller – Teilnahme und Organisation von Schulungen

1. **Teilnahme an Schulungen**
   - **Erste-Hilfe-Kurse**: Sabine und Hans haben an einem Erste-Hilfe-Kurs des Deutschen Roten Kreuzes teilgenommen und Zertifikate erhalten.
   - **Strahlenschutzschulung**: Die Familie hat eine Schulung über Strahlenschutz und Dekontaminationsverfahren besucht, die von der lokalen Feuerwehr organisiert wurde.
2. **Organisation eigener Veranstaltungen**
   - **Nachbarschaftstreffen**: Die Familie hat ein Nachbarschaftstreffen organisiert, um über Notfallvorsorge zu informieren und gemeinsam Notfallpläne zu entwickeln.
   - **Referenten eingeladen**: Hans hat einen Experten vom Katastrophenschutz eingeladen, der einen Vortrag über Evakuierungspläne und Strahlenschutz gehalten hat.
3. **Durchführung der Veranstaltung**
   - **Agenda erstellt**: Sabine hat eine detaillierte Agenda für das Nachbarschaftstreffen erstellt, einschließlich Vorträgen und praktischen Übungen.

- **Praktische Übungen**: Die Familie hat eine Evakuierungsübung durchgeführt und die Nutzung von Notfallausrüstung demonstriert.

4. **Nachbereitung**
   - **Feedback gesammelt**: Hans und Sabine haben Feedback von den Nachbarn eingeholt und eine Liste mit Verbesserungsvorschlägen erstellt.
   - **Dokumentation**: Die wichtigsten Punkte und Erkenntnisse wurden dokumentiert und an die Teilnehmer verteilt.

Fazit

Schulungen und Informationsveranstaltungen sind wesentliche Bestandteile der Notfallvorbereitung. Durch die Teilnahme an verschiedenen Kursen und die Organisation eigener Veranstaltungen können Sie und Ihre Familie spezifische Fähigkeiten erlernen, aktuelle Informationen erhalten und sich mit Experten und anderen Betroffenen vernetzen. Diese Maßnahmen tragen entscheidend dazu bei, die Sicherheit und das Wohlbefinden in Krisensituationen zu erhöhen.

Einbindung von Schulen und Bildungseinrichtungen

Die Einbindung von Schulen und Bildungseinrichtungen in die Notfallvorbereitung ist entscheidend, um sicherzustellen, dass Kinder und Jugendliche in Krisensituationen gut geschützt und vorbereitet sind. Schulen sind zentrale Orte, an denen Notfallpläne entwickelt und regelmäßig geübt werden sollten. Hier sind detaillierte Schritte und Maßnahmen zur effektiven Einbindung von Schulen und Bildungseinrichtungen.

Entwicklung von Notfallplänen

1. **Zusammenarbeit mit Schulbehörden**
   - **Erste Gespräche**: Initiieren Sie Gespräche mit Schulleitern und Schulbehörden, um die Wichtigkeit der

Notfallvorbereitung zu betonen und Unterstützung zu gewinnen.
- **Gemeinsame Planung**: Arbeiten Sie gemeinsam an der Entwicklung von Notfallplänen, die spezifisch auf die Schule und die Bedürfnisse der Schüler abgestimmt sind.

2. **Einbindung von Eltern und Lehrern**
   - **Informationsabende**: Organisieren Sie Informationsabende für Eltern und Lehrer, um die Notfallpläne vorzustellen und deren Unterstützung zu sichern.
   - **Eltern- und Lehrerkomitees**: Bilden Sie Komitees aus Eltern und Lehrern, die sich regelmäßig treffen, um die Notfallpläne zu überprüfen und zu aktualisieren.

3. **Spezifische Pläne für verschiedene Szenarien**
   - **Evakuierung**: Entwickeln Sie Evakuierungspläne für verschiedene Arten von Notfällen, einschließlich nuklearer Angriffe, Feuer und Naturkatastrophen.
   - **Lockdown**: Erstellen Sie Pläne für Lockdown-Situationen, bei denen die Schüler und das Personal im Gebäude bleiben müssen.
   - **Kommunikation**: Planen Sie, wie die Kommunikation mit Eltern und Behörden im Notfall aufrechterhalten wird.

Regelmäßige Übungen und Schulungen

1. **Evakuierungsübungen**
   - **Planung und Durchführung**: Planen Sie regelmäßige Evakuierungsübungen (mindestens zweimal im Jahr) und führen Sie diese unter realistischen Bedingungen durch.
   - **Auswertung**: Führen Sie nach jeder Übung eine Nachbesprechung durch, um die Wirksamkeit der Evakuierungspläne zu bewerten und Verbesserungen vorzunehmen.

2. **Lockdown-Übungen**
   - **Simulation**: Üben Sie Lockdown-Szenarien, bei denen alle Klassenräume und Gebäudebereiche abgeriegelt werden müssen.

Nuklearer Schutz: Vorbereitung für Berlin

- **Lehrer und Schüler schulen**: Schulen Sie Lehrer und Schüler in den spezifischen Maßnahmen, die in einem Lockdown erforderlich sind.

3. **Erste-Hilfe-Training**
   - **Lehrer und Schüler**: Bieten Sie Erste-Hilfe-Kurse für Lehrer und ältere Schüler an, um grundlegende Erste-Hilfe-Fähigkeiten zu vermitteln.
   - **Notfallkits**: Stellen Sie sicher, dass Erste-Hilfe-Kits in allen Klassenräumen und zentralen Bereichen vorhanden sind.

Einbindung in den Lehrplan

1. **Notfallvorsorge als Teil des Unterrichts**
   - **Fächerübergreifend**: Integrieren Sie Themen der Notfallvorsorge und Krisenbewältigung in verschiedene Unterrichtsfächer wie Biologie, Sozialkunde und Physik.
   - **Projektarbeit**: Ermutigen Sie Schüler, Projekte und Präsentationen zu Themen wie Strahlenschutz, Evakuierungstechniken und Erste Hilfe zu entwickeln.
2. **Workshops und Gastvorträge**
   - **Experten einladen**: Laden Sie Experten aus dem Bereich Katastrophenschutz, Feuerwehr und medizinische Fachkräfte ein, um Workshops und Vorträge zu halten.
   - **Praktische Übungen**: Organisieren Sie praktische Übungen und Simulationen, bei denen Schüler aktiv teilnehmen und lernen können.

Unterstützung von Schülern und Eltern

1. **Informationsmaterialien**
   - **Flyer und Broschüren**: Erstellen und verteilen Sie Informationsmaterialien, die wichtige Notfallmaßnahmen und Kontakte enthalten.
   - **Elternbriefe**: Informieren Sie Eltern regelmäßig über die Notfallpläne und Übungen der Schule.
2. **Psychosoziale Unterstützung**
   - **Beratungsdienste**: Stellen Sie sicher, dass Beratungsdienste für Schüler verfügbar sind, um psychologische Unterstützung in Krisenzeiten zu bieten.

- **Elternschulungen**: Bieten Sie Schulungen für Eltern an, um ihnen zu helfen, ihre Kinder auf Notfälle vorzubereiten und zu unterstützen.

Beispiel für die Einbindung der Schule der Familie Müller

Schule der Familie Müller – Notfallvorbereitung

1. **Entwicklung von Notfallplänen**
   - **Erste Gespräche**: Sabine und andere Eltern haben ein Treffen mit der Schulleitung organisiert, um die Wichtigkeit von Notfallplänen zu besprechen.
   - **Gemeinsame Planung**: Ein Komitee aus Eltern und Lehrern wurde gebildet, um spezifische Evakuierungs- und Lockdown-Pläne zu entwickeln.
2. **Regelmäßige Übungen**
   - **Evakuierungsübungen**: Die Schule führt zweimal im Jahr Evakuierungsübungen durch. Nach jeder Übung gibt es eine Auswertung mit Feedback von Schülern und Lehrern.
   - **Lockdown-Übungen**: Einmal im Jahr werden Lockdown-Übungen durchgeführt, bei denen die Schüler lernen, sich sicher im Gebäude zu verhalten.
3. **Erste-Hilfe-Training**
   - **Kurse**: Die Schule bietet regelmäßig Erste-Hilfe-Kurse für Lehrer und ältere Schüler an. Sabine hat an einem dieser Kurse teilgenommen.
   - **Notfallkits**: Alle Klassenzimmer und Gemeinschaftsbereiche sind mit Erste-Hilfe-Kits ausgestattet.
4. **Lehrplanintegration**
   - **Unterricht**: In der Schule werden Notfallvorsorge und Strahlenschutz als Teil des Lehrplans in den Fächern Biologie und Sozialkunde behandelt.
   - **Workshops**: Experten von der Feuerwehr und dem Katastrophenschutz haben Workshops und Vorträge in der Schule gehalten.
5. **Unterstützung und Information**

- **Informationsmaterialien**: Die Schule hat Flyer und Broschüren über Notfallmaßnahmen an alle Eltern und Schüler verteilt.
- **Beratungsdienste**: Beratungsdienste wurden eingerichtet, um Schülern in Krisenzeiten psychologische Unterstützung zu bieten.

Fazit

Die Einbindung von Schulen und Bildungseinrichtungen in die Notfallvorbereitung ist entscheidend für den Schutz und die Sicherheit von Kindern und Jugendlichen. Durch die Entwicklung spezifischer Notfallpläne, regelmäßige Übungen, Schulungen und die Integration von Notfallvorsorge in den Lehrplan können Schulen eine wichtige Rolle in der Krisenvorsorge und -bewältigung spielen. Diese Maßnahmen tragen dazu bei, dass Schüler und Lehrer besser vorbereitet sind und wissen, wie sie in Notfallsituationen sicher handeln können.

11: Zukunftsplanung
Langfristige Wiederherstellung und Aufbau

Nach einem nuklearen Angriff oder einer anderen schweren Krise ist die langfristige Wiederherstellung und der Aufbau eine komplexe und zeitaufwändige Aufgabe. Es erfordert eine sorgfältige Planung und Zusammenarbeit auf allen Ebenen, um die betroffenen Gemeinschaften wiederherzustellen und die Resilienz gegen zukünftige Katastrophen zu stärken. Hier sind detaillierte Schritte und Maßnahmen zur langfristigen Wiederherstellung und dem Aufbau.

Erste Schritte nach der unmittelbaren Krise

1. **Bewertung der Schäden**
   - **Strukturelle Integrität**: Beurteilen Sie die Schäden an Gebäuden und Infrastrukturen. Lassen Sie Ingenieure und Bauinspektoren die Sicherheit und Stabilität der Strukturen überprüfen.
   - **Umweltbelastung**: Untersuchen Sie die Umgebung auf Kontamination und Umweltbelastungen durch radioaktive Materialien.
2. **Sicherstellung von Grundbedürfnissen**
   - **Wasser und Lebensmittel**: Stellen Sie die Versorgung mit sauberem Wasser und sicheren Lebensmitteln sicher. Nutzen Sie Wasserfilter und überprüfen Sie die Qualität regelmäßig.
   - **Unterkunft**: Errichten Sie temporäre Unterkünfte für Betroffene, deren Häuser zerstört oder unbewohnbar sind.
3. **Gesundheitsversorgung**
   - **Medizinische Versorgung**: Stellen Sie sicher, dass medizinische Versorgung und psychologische Unterstützung verfügbar sind. Behandeln Sie Verletzungen und überwachen Sie die Gesundheit der Betroffenen auf Strahlenschäden.
   - **Dekontamination**: Führen Sie Dekontaminationsmaßnahmen für Personen, Ausrüstungen und betroffene Gebiete durch.

Langfristige Wiederherstellungsstrategien

1. **Wiederaufbau der Infrastruktur**
   - **Straßen und Verkehrswege**: Reparieren und rekonstruieren Sie beschädigte Straßen, Brücken und öffentliche Verkehrsmittel, um die Mobilität wiederherzustellen.
   - **Versorgungsleitungen**: Reparieren oder erneuern Sie Wasser-, Strom- und Gasleitungen sowie Kommunikationsnetze.
2. **Wohnungsbau und Stadtentwicklung**
   - **Wiederaufbau von Wohngebäuden**: Planen und bauen Sie neue Wohngebäude unter Berücksichtigung moderner Sicherheitsstandards und Resilienz gegen zukünftige Katastrophen.
   - **Städteplanung**: Entwickeln Sie städtebauliche Pläne, die grüne Zonen und öffentliche Räume integrieren, um eine nachhaltige und widerstandsfähige Stadtentwicklung zu fördern.
3. **Wirtschaftliche Erholung**
   - **Arbeitsplätze und Unternehmen**: Unterstützen Sie die Wiederherstellung von lokalen Unternehmen und die Schaffung neuer Arbeitsplätze. Bieten Sie finanzielle Hilfe und Steuererleichterungen an.
   - **Bildung und Umschulung**: Fördern Sie Bildungsprogramme und Umschulungen, um den Menschen zu helfen, neue Fähigkeiten zu erwerben und sich an veränderte wirtschaftliche Bedingungen anzupassen.
4. **Soziale Unterstützung und Gemeinschaftsaufbau**
   - **Gemeinschaftszentren**: Errichten Sie Gemeinschaftszentren, die als Treffpunkte und Unterstützungszentren dienen können.
   - **Psychosoziale Unterstützung**: Bieten Sie langfristige psychologische Unterstützung und Traumatherapie an, um den Menschen zu helfen, ihre Erfahrungen zu verarbeiten.

Resilienz und Prävention

1. **Notfallpläne und Übungen**

- **Erstellung von Notfallplänen**: Entwickeln Sie umfassende Notfallpläne für zukünftige Krisen und stellen Sie sicher, dass diese regelmäßig aktualisiert werden.
- **Regelmäßige Übungen**: Führen Sie regelmäßig Notfallübungen durch, um die Reaktionsfähigkeit der Gemeinschaft zu verbessern.

2. **Bildung und Bewusstseinsförderung**
   - **Schulungen**: Bieten Sie Schulungen und Workshops an, um die Bevölkerung über Notfallvorsorge und -bewältigung zu informieren.
   - **Öffentlichkeitsarbeit**: Nutzen Sie Medien und öffentliche Kampagnen, um das Bewusstsein für Katastrophenvorsorge zu schärfen.

3. **Nachhaltigkeit und Klimaanpassung**
   - **Nachhaltige Bauweisen**: Fördern Sie den Einsatz nachhaltiger und widerstandsfähiger Bauweisen, die den Auswirkungen von Naturkatastrophen standhalten.
   - **Klimaanpassung**: Entwickeln Sie Strategien zur Anpassung an den Klimawandel, um zukünftige Risiken zu minimieren.

Beispiel für die langfristige Wiederherstellung der Familie Müller

Familie Müller – Langfristige Wiederherstellungsstrategie

1. **Bewertung der Schäden**
   - **Inspektion**: Ein Ingenieur überprüft die strukturelle Integrität ihres Hauses und empfiehlt notwendige Reparaturen.
   - **Umweltbelastung**: Umweltinspektoren untersuchen die Umgebung auf radioaktive Kontamination und leiten Dekontaminationsmaßnahmen ein.

2. **Sicherstellung von Grundbedürfnissen**
   - **Wasser und Lebensmittel**: Die Familie nutzt Wasserfilter und erhält regelmäßige Lieferungen sicherer Lebensmittel von Hilfsorganisationen.
   - **Unterkunft**: Vorübergehend wohnen sie in einer sicheren Unterkunft, die von der Gemeinde bereitgestellt wird.

3. **Gesundheitsversorgung**

- Medizinische Versorgung: Alle Familienmitglieder werden regelmäßig auf Strahlenschäden untersucht und erhalten psychologische Unterstützung.

4. **Wiederaufbau und wirtschaftliche Erholung**
   - **Hausreparaturen**: Nach der Dekontamination wird das Haus repariert und modernisiert, um zukünftige Sicherheitsstandards zu erfüllen.
   - **Arbeitsplatzsicherheit**: Hans und Sabine nehmen an Umschulungsprogrammen teil, um neue berufliche Fähigkeiten zu erwerben.

5. **Gemeinschaftsaufbau und Resilienz**
   - **Gemeinschaftszentrum**: Die Familie beteiligt sich aktiv am Aufbau eines neuen Gemeinschaftszentrums in ihrem Stadtteil.
   - **Notfallübungen**: Sie nehmen regelmäßig an Notfallübungen teil und helfen, ihre Nachbarn zu informieren und vorzubereiten.

6. **Nachhaltigkeit und Klimaanpassung**
   - **Nachhaltige Bauweise**: Ihr Haus wird mit nachhaltigen Materialien und Techniken wiederaufgebaut, die energieeffizient und widerstandsfähig gegen Naturkatastrophen sind.
   - **Klimaanpassungsstrategien**: Die Familie setzt sich für die Entwicklung und Umsetzung von Klimaanpassungsstrategien in ihrer Gemeinde ein.

Fazit

Die langfristige Wiederherstellung und der Aufbau nach einer schweren Krise erfordern eine sorgfältige Planung und die Zusammenarbeit aller Beteiligten. Durch die Bewertung der Schäden, die Sicherstellung der Grundbedürfnisse, den Wiederaufbau der Infrastruktur und die wirtschaftliche Erholung kann die betroffene Gemeinschaft gestärkt und widerstandsfähiger gemacht werden. Nachhaltigkeit und Klimaanpassung sollten dabei zentrale Elemente der Wiederherstellungsstrategien sein, um zukünftige Risiken zu minimieren und eine sichere, gesunde und nachhaltige Zukunft zu gewährleisten.

Strategien zur Vermeidung zukünftiger Konflikte

Um zukünftige Konflikte, insbesondere nukleare Bedrohungen, zu vermeiden, bedarf es einer Kombination aus diplomatischen Bemühungen, internationaler Zusammenarbeit, Bildung und einer Kultur des Friedens. Hier sind detaillierte Strategien und Maßnahmen zur Vermeidung zukünftiger Konflikte.

Diplomatische Bemühungen und internationale Zusammenarbeit

1. **Stärkung internationaler Verträge und Abkommen**
   - **Nichtverbreitungsvertrag (NPT)**: Setzen Sie sich für die Einhaltung und Stärkung des NPT ein, der die Verbreitung von Kernwaffen verhindert und den schrittweisen Abbau bestehender Arsenale fördert.
   - **Abrüstungsabkommen**: Unterstützen Sie Abrüstungsabkommen wie den Vertrag über das umfassende Verbot von Nuklearversuchen (CTBT) und neue Initiativen zur Reduzierung von Nuklearwaffen.
2. **Friedensverhandlungen und Konfliktmediation**
   - **Verhandlungen**: Fördern Sie direkte Gespräche und Verhandlungen zwischen Konfliktparteien, um diplomatische Lösungen zu finden.
   - **Internationale Mediatoren**: Nutzen Sie internationale Mediatoren und Organisationen wie die Vereinten Nationen, um den Dialog zu erleichtern und Frieden zu fördern.
3. **Regionale Kooperation und Sicherheitsmechanismen**
   - **Regionale Bündnisse**: Stärken Sie regionale Bündnisse und Kooperationsmechanismen, die auf die Förderung von Frieden und Sicherheit abzielen, wie die Europäische Union und die Organisation für Sicherheit und Zusammenarbeit in Europa (OSZE).
   - **Konfliktprävention**: Implementieren Sie Frühwarnsysteme und präventive Maßnahmen zur Verhinderung von Eskalationen in Spannungsgebieten.

Nuklearer Schutz: Vorbereitung für Berlin

Bildung und Förderung einer Friedenskultur

1. **Friedenserziehung in Schulen und Hochschulen**
   - **Lehrpläne**: Integrieren Sie Friedenserziehung und Konfliktlösungsstrategien in die Lehrpläne von Schulen und Hochschulen.
   - **Workshops und Seminare**: Organisieren Sie Workshops und Seminare, die auf die Förderung von Toleranz, Verständnis und friedlichen Konfliktlösungen abzielen.
2. **Öffentlichkeitsarbeit und Medien**
   - **Medienkampagnen**: Starten Sie Medienkampagnen, die die Gefahren von Nuklearwaffen und die Bedeutung von Abrüstung und Frieden hervorheben.
   - **Dokumentationen und Filme**: Produzieren Sie Dokumentationen und Filme, die die menschlichen und ökologischen Kosten von Krieg und Nuklearkonflikten aufzeigen.
3. **Gemeinschaftsinitiativen und NGOs**
   - **Lokale Friedensinitiativen**: Unterstützen Sie lokale Initiativen und NGOs, die sich für Frieden und Versöhnung einsetzen.
   - **Interkultureller Dialog**: Fördern Sie interkulturelle Dialoge und Veranstaltungen, die das Verständnis und die Zusammenarbeit zwischen verschiedenen Gemeinschaften stärken.

Wirtschaftliche und soziale Stabilität

1. **Wirtschaftliche Zusammenarbeit und Entwicklung**
   - **Handelsabkommen**: Fördern Sie faire Handelsabkommen, die wirtschaftliche Stabilität und Wohlstand in allen beteiligten Ländern unterstützen.
   - **Entwicklungshilfe**: Erhöhen Sie die Entwicklungshilfe und unterstützen Sie Programme, die wirtschaftliche Chancen und soziale Gerechtigkeit fördern.
2. **Soziale Gerechtigkeit und Menschenrechte**
   - **Menschenrechtsinitiativen**: Setzen Sie sich für die Einhaltung und Förderung der Menschenrechte ein, um soziale Spannungen und Ungerechtigkeiten zu verringern.

- **Bildungs- und Gesundheitsprogramme**: Investieren Sie in Bildungs- und Gesundheitsprogramme, um die Lebensqualität und Chancengleichheit weltweit zu verbessern.

Technologie und Sicherheit

1. **Sicherheitstechnologien und Überwachung**
   - **Frühwarnsysteme**: Implementieren und verbessern Sie Frühwarnsysteme zur Erkennung und Prävention von nuklearen Bedrohungen.
   - **Überwachung und Kontrolle**: Nutzen Sie Technologien zur Überwachung und Kontrolle von Nuklearmaterialien und -waffen, um deren Missbrauch zu verhindern.
2. **Cyber-Sicherheit**
   - **Schutz kritischer Infrastruktur**: Entwickeln Sie Strategien zum Schutz kritischer Infrastruktur und militärischer Systeme vor Cyber-Angriffen.
   - **Internationale Kooperation**: Arbeiten Sie international zusammen, um Cyber-Bedrohungen zu bekämpfen und den Schutz digitaler Netzwerke zu gewährleisten.

Beispiel für die Umsetzung von Friedensstrategien

Familie Müller – Engagement für Frieden und Sicherheit

1. **Diplomatische Bemühungen**
   - **Petitionen und Lobbyarbeit**: Hans und Sabine unterstützen Petitionen und beteiligen sich an Lobbyarbeit für die Stärkung internationaler Abrüstungsabkommen.
   - **Teilnahme an Konferenzen**: Die Familie nimmt an internationalen Friedenskonferenzen teil, um sich über aktuelle Entwicklungen zu informieren und sich zu vernetzen.
2. **Bildung und Öffentlichkeitsarbeit**
   - **Friedensprojekte an Schulen**: Anna und Max engagieren sich in Friedensprojekten an ihrer Schule und organisieren Workshops zur Konfliktlösung.

- **Medienprojekte**: Sabine beteiligt sich an der Produktion einer Dokumentation über die Auswirkungen von Nuklearwaffen und die Bedeutung von Abrüstung.

3. **Soziale Initiativen**
   - **Gemeinschaftsprojekte**: Die Familie unterstützt lokale Gemeinschaftsprojekte, die auf soziale Gerechtigkeit und interkulturellen Dialog abzielen.
   - **Freiwilligenarbeit**: Hans und Sabine engagieren sich in NGOs, die sich für wirtschaftliche Entwicklung und Menschenrechte einsetzen.
4. **Technologie und Sicherheit**
   - **Cyber-Sicherheitsbewusstsein**: Die Familie fördert das Bewusstsein für Cyber-Sicherheit in ihrer Gemeinschaft und beteiligt sich an Schulungen.
   - **Technologieeinsatz**: Hans arbeitet an der Entwicklung von Technologien zur Überwachung und Sicherung von Nuklearmaterialien.

Fazit

Die Vermeidung zukünftiger Konflikte erfordert einen umfassenden und ganzheitlichen Ansatz, der diplomatische Bemühungen, internationale Zusammenarbeit, Bildung, wirtschaftliche Stabilität, soziale Gerechtigkeit und technologische Sicherheit umfasst. Durch die Umsetzung dieser Strategien kann die Wahrscheinlichkeit von Nuklearkonflikten verringert und eine friedlichere und sicherere Welt geschaffen werden.

Politische und gesellschaftliche Maßnahmen

Politische Maßnahmen zur Vermeidung zukünftiger Konflikte

1. **Förderung internationaler Abrüstungsinitiativen**
   - **Diplomatische Verhandlungen**: Stärken Sie internationale Abrüstungsinitiativen durch diplomatische Verhandlungen und Verträge wie den Nichtverbreitungsvertrag (NPT) und

den Vertrag über das umfassende Verbot von Nuklearversuchen (CTBT).
- **Internationale Zusammenarbeit**: Arbeiten Sie mit anderen Nationen zusammen, um gemeinsame Abrüstungsziele zu erreichen und die Transparenz bei der Reduktion von Nuklearwaffen zu erhöhen.

2. **Nationale Sicherheitsstrategien**
   - **Prävention von Proliferation**: Entwickeln Sie nationale Strategien zur Verhinderung der Proliferation von Nuklearwaffen und anderen Massenvernichtungswaffen.
   - **Verteidigungsmaßnahmen**: Investieren Sie in Verteidigungsmaßnahmen, die den Schutz vor nuklearen Bedrohungen und anderen Sicherheitsrisiken gewährleisten, einschließlich Raketenabwehrsystemen und Cyber-Sicherheit.

3. **Stärkung der internationalen Institutionen**
   - **UN und IAEA**: Unterstützen Sie die Vereinten Nationen (UN) und die Internationale Atomenergie-Organisation (IAEA) in ihren Bemühungen, die globale Sicherheit zu stärken und die Verbreitung von Nuklearwaffen zu verhindern.
   - **Regionale Sicherheitsorganisationen**: Fördern Sie die Zusammenarbeit mit regionalen Sicherheitsorganisationen wie der NATO, um gemeinsame Sicherheitsstrategien zu entwickeln.

Gesellschaftliche Maßnahmen zur Förderung des Friedens

1. **Friedenserziehung und Bewusstseinsbildung**
   - **Bildungssystem**: Integrieren Sie Friedenserziehung in das nationale Bildungssystem, um Schüler über die Bedeutung von Frieden, Konfliktlösung und globaler Zusammenarbeit zu informieren.
   - **Öffentliche Kampagnen**: Starten Sie öffentliche Kampagnen, um das Bewusstsein für die Gefahren von Nuklearwaffen und die Bedeutung von Abrüstung zu schärfen.

2. **Förderung von Demokratie und Menschenrechten**

- Demokratische Institutionen: Stärken Sie demokratische Institutionen und Prozesse, um politische Stabilität und Rechtsstaatlichkeit zu gewährleisten.
- Menschenrechtsinitiativen: Unterstützen Sie Initiativen zur Förderung und zum Schutz der Menschenrechte, um soziale Gerechtigkeit und Gleichheit zu fördern.

3. **Soziale und wirtschaftliche Entwicklung**
   - Armutsbekämpfung: Implementieren Sie Programme zur Bekämpfung von Armut und sozialer Ungleichheit, um die gesellschaftliche Stabilität zu erhöhen.
   - Wirtschaftliche Chancen: Fördern Sie wirtschaftliche Entwicklung und schaffen Sie Arbeitsplätze, um den sozialen Zusammenhalt zu stärken und Extremismus vorzubeugen.

4. **Förderung des interkulturellen Dialogs**
   - Kulturelle Austauschprogramme: Unterstützen Sie kulturelle Austauschprogramme, um das Verständnis und den Respekt zwischen verschiedenen Kulturen zu fördern.
   - Gemeinschaftsprojekte: Initiieren Sie Projekte, die den interkulturellen Dialog und die Zusammenarbeit in lokalen Gemeinschaften fördern.

Beispiel für politische und gesellschaftliche Maßnahmen der Familie Müller

Familie Müller – Engagement für Frieden und Sicherheit

1. **Politische Maßnahmen**
   - Lobbyarbeit und Advocacy: Hans und Sabine beteiligen sich an Lobbyarbeit und Advocacy-Kampagnen für internationale Abrüstungsinitiativen und die Unterstützung der Vereinten Nationen.
   - Teilnahme an Wahlen: Die Familie nimmt aktiv an nationalen und lokalen Wahlen teil und unterstützt Kandidaten, die sich für Abrüstung und Frieden einsetzen.

2. **Gesellschaftliche Maßnahmen**
   - Friedenserziehung: Anna und Max nehmen an Schulprojekten zur Friedenserziehung teil und organisieren Workshops über Konfliktlösung.

- **Öffentliche Kampagnen**: Sabine initiiert eine lokale Kampagne, die über die Gefahren von Nuklearwaffen informiert und Abrüstungsinitiativen unterstützt.

3. **Förderung von Demokratie und Menschenrechten**
   - **Gemeinschaftsarbeit**: Hans engagiert sich in einer NGO, die sich für die Stärkung demokratischer Institutionen und die Förderung der Menschenrechte einsetzt.
   - **Menschenrechtsinitiativen**: Die Familie unterstützt Projekte, die sich für soziale Gerechtigkeit und die Rechte benachteiligter Gruppen einsetzen.

4. **Soziale und wirtschaftliche Entwicklung**
   - **Freiwilligenarbeit**: Die Familie beteiligt sich an lokalen Projekten zur Armutsbekämpfung und zur Unterstützung von Flüchtlingen und Migranten.
   - **Wirtschaftliche Chancen**: Sabine arbeitet an einem Programm zur Förderung von Start-ups und kleinen Unternehmen in der Gemeinde.

5. **Förderung des interkulturellen Dialogs**
   - **Austauschprogramme**: Anna nimmt an einem Schüleraustauschprogramm teil, das den interkulturellen Dialog fördert.
   - **Gemeinschaftsprojekte**: Die Familie initiiert ein Gemeinschaftsprojekt, das kulturelle Veranstaltungen und Workshops organisiert, um den interkulturellen Austausch zu fördern.

Fazit

Politische und gesellschaftliche Maßnahmen sind entscheidend, um zukünftige Konflikte zu vermeiden und eine friedlichere Welt zu schaffen. Durch die Kombination von diplomatischen Bemühungen, internationaler Zusammenarbeit, Bildung und sozialer Entwicklung können wir die Grundlagen für eine nachhaltige und friedliche Zukunft legen. Indem wir uns aktiv für Abrüstung, Menschenrechte und soziale Gerechtigkeit einsetzen, tragen wir dazu bei, die Ursachen von Konflikten zu bekämpfen und eine Kultur des Friedens zu fördern.

Nuklearer Schutz: Vorbereitung für Berlin

12: Ressourcen und weiterführende Informationen
Nützliche Kontakte und Anlaufstellen

Um im Falle eines nuklearen Angriffs oder anderer Notfälle gut vorbereitet zu sein, ist es wichtig, eine Liste nützlicher Kontakte und Anlaufstellen zu haben. Diese Ressourcen bieten Unterstützung und Informationen, die im Notfall entscheidend sein können.

Nationale und internationale Organisationen

1. **Bundesamt für Bevölkerungsschutz und Katastrophenhilfe (BBK)**
   - **Website**: www.bbk.bund.de
   - **Hotline**: +49 228 99550-0
   - **Beschreibung**: Das BBK bietet umfassende Informationen zur Notfallvorsorge und Katastrophenhilfe in Deutschland.
2. **Deutsches Rotes Kreuz (DRK)**
   - **Website**: www.drk.de
   - **Hotline**: +49 30 85 404-0
   - **Beschreibung**: Das DRK bietet Erste-Hilfe-Kurse, Notfallhilfe und humanitäre Unterstützung.
3. **Internationale Atomenergie-Organisation (IAEA)**
   - **Website**: www.iaea.org
   - **Beschreibung**: Die IAEA überwacht die friedliche Nutzung der Kernenergie und bietet Informationen zur Nuklearsicherheit.
4. **Vereinte Nationen (UN)**
   - **Website**: www.un.org
   - **Beschreibung**: Die UN fördert weltweiten Frieden und Sicherheit und bietet zahlreiche Ressourcen zu Konfliktvermeidung und Abrüstung.

Lokale Behörden und Institutionen

1. **Polizei**
   - **Notrufnummer**: 110

- Beschreibung: Die Polizei ist die erste Anlaufstelle für Sicherheit und Notfälle.
2. **Feuerwehr**
    - **Notrufnummer**: 112
    - **Beschreibung**: Die Feuerwehr bietet Rettungsdienste und Hilfe bei Bränden und anderen Notfällen.
3. **Gesundheitsämter**
    - **Website**: www.rki.de (Robert Koch-Institut)
    - **Beschreibung**: Lokale Gesundheitsämter bieten Informationen zur Gesundheitsvorsorge und Epidemieprävention.

Notfall-Apps und Warnsysteme

1. **NINA (Notfall-Informations- und Nachrichten-App)**
    - **Download**: iOS, Android
    - **Beschreibung**: Die NINA-App bietet Warnmeldungen und Informationen zu Notlagen in Deutschland.
2. **Katwarn**
    - **Download**: iOS, Android
    - **Beschreibung**: Katwarn informiert über lokale Gefahren und Notfälle und bietet Handlungsempfehlungen.
3. **BIWAPP (Bürger Info- und Warn-App)**
    - **Download**: iOS, Android
    - **Beschreibung**: BIWAPP informiert über Katastrophen, Unwetter und andere Notlagen.

Bildung und Training

1. **Erste-Hilfe-Kurse**
    - Deutsches Rotes Kreuz (DRK)
        - **Website**: www.drk.de/erste-hilfe/kurse-im-ueberblick
    - Malteser Hilfsdienst
        - **Website**: www.malteser.de
2. **Notfall- und Katastrophenmanagement**
    - Bundesamt für Bevölkerungsschutz und Katastrophenhilfe (BBK)
        - **Website**: www.bbk.bund.de

3. **Friedenserziehung und Konfliktlösung**
   - Berghof Fondation
     - **Website**: www.berghof-foundation.org
     - **Beschreibung**: Die Berghof Fondation bietet Ressourcen und Schulungen zur Friedenserziehung und Konfliktlösung.

Psychologische Unterstützung

1. **Telefonseelsorge**
   - **Hotline**: 0800 111 0 111 / 0800 111 0 222
   - **Website**: www.telefonseelsorge.de
2. **Kriseninterventionsteams**
   - **Lokale Kontaktstellen**: Informationen über lokale Kriseninterventionsteams finden Sie bei Ihrem Gesundheitsamt oder auf deren Websites.
3. **Psychologische Beratungsstellen**
   - Bundespsychotherapeutenkammer
     - **Website**: www.bptk.de

Gemeinnützige Organisationen und NGOs

1. **Ärzte ohne Grenzen**
   - **Website**: www.aerzte-ohne-grenzen.de
   - **Beschreibung**: Ärzte ohne Grenzen leistet medizinische Nothilfe weltweit.
2. **Amnesty International**
   - **Website**: www.amnesty.de
   - **Beschreibung**: Amnesty International setzt sich für Menschenrechte und soziale Gerechtigkeit ein.
3. **Friedensbildung und Konfliktprävention**
   - Friedenskreis Halle e.V.
     - **Website**: www.friedenskreis-halle.de
     - **Beschreibung**: Der Friedenskreis Halle e.V. bietet Bildungsprogramme und Workshops zur Friedensbildung und Konfliktprävention.

Wissenschaftliche und technische Unterstützung

Nuklearer Schutz: Vorbereitung für Berlin

1. **Deutsche Gesellschaft für Strahlenschutz e.V. (DGS)**
   - **Website**: www.strahlenschutz.org
   - **Beschreibung**: Die DGS bietet Informationen und Schulungen zum Thema Strahlenschutz.
2. **Fraunhofer-Gesellschaft**
   - **Website**: www.fraunhofer.de
   - **Beschreibung**: Die Fraunhofer-Gesellschaft forscht an Technologien zur Verbesserung der Sicherheit und Krisenbewältigung.

Weitere nützliche Kontakte

1. **Lokale Feuerwehr- und Rettungsdienste**
   - **Notrufnummer**: 112
   - **Beschreibung**: Die Feuerwehr- und Rettungsdienste bieten schnelle Hilfe bei Bränden, medizinischen Notfällen und Katastrophen.
2. **Zivilschutzorganisationen**
   - **THW (Technisches Hilfswerk)**
     - **Website**: www.thw.de
     - **Beschreibung**: Das THW unterstützt bei technischen Hilfeleistungen und Katastropheneinsätzen.
3. **Berufsverbände**
   - **Deutsche Gesellschaft für Katastrophenmedizin (DGKM)**
     - **Website**: www.katastrophenmedizin.de
     - **Beschreibung**: Die DGKM bietet Fortbildungen und Informationen zur Katastrophenmedizin.

Beispielhafte Nutzung der Ressourcen durch die Familie Müller

Familie Müller – Nutzung nützlicher Kontakte und Anlaufstellen

1. **Notfall-Apps**
   - **NINA und Katwarn**: Sabine hat die NINA- und Katwarn-Apps auf ihren Smartphones installiert, um aktuelle Warnmeldungen zu erhalten.

2. **Erste-Hilfe-Kurse**
   - **DRK-Kurs**: Hans und Sabine haben einen Erste-Hilfe-Kurs beim Deutschen Roten Kreuz besucht und ihre Kenntnisse aufgefrischt.
3. **Psychologische Unterstützung**
   - **Telefonseelsorge**: Sabine kontaktiert die Telefonseelsorge, um psychologische Unterstützung in Anspruch zu nehmen.
4. **Gemeinschaftsprojekte**
   - **Friedensbildung**: Anna und Max nehmen an einem Workshop der Berghof Fondation zur Friedenserziehung teil.
5. **Technische Unterstützung**
   - **Strahlenschutz**: Hans informiert sich über Strahlenschutzmaßnahmen bei der Deutschen Gesellschaft für Strahlenschutz.

Fazit

Eine umfassende Liste nützlicher Kontakte und Anlaufstellen ist entscheidend für die Vorbereitung und Bewältigung von Notfällen. Durch den Zugang zu nationalen und internationalen Organisationen, lokalen Behörden, Notfall-Apps, Bildungseinrichtungen und psychologischer Unterstützung können Sie und Ihre Familie besser auf Krisensituationen vorbereitet sein. Nutzen Sie diese Ressourcen aktiv, um Ihre Sicherheit und Resilienz zu erhöhen.

Weiterführende Literatur und Online-Ressourcen

Um Ihre Kenntnisse und Fähigkeiten in der Notfallvorsorge, Konfliktvermeidung und Krisenbewältigung zu vertiefen, ist es hilfreich, auf weiterführende Literatur und Online-Ressourcen zurückzugreifen. Hier sind einige empfehlenswerte Bücher, Artikel und Websites, die nützliche Informationen und Anleitungen bieten.

Bücher und Fachliteratur

1. **"Der Tod ist ein Meister aus Deutschland: Der Holocaust und die Bedeutung der Menschlichkeit" von Dan Diner**
    - **Beschreibung**: Ein tiefgehender Einblick in die Geschichte und die moralischen Lehren des Holocausts, um die Bedeutung von Menschlichkeit und Frieden zu verstehen.
2. **"On Nuclear Terrorism" von Michael Levi**
    - **Beschreibung**: Dieses Buch analysiert die Bedrohung durch nuklearen Terrorismus und bietet Strategien zur Prävention und Reaktion.
3. **"Emergency War Surgery: The Survivalist's Medical Desk Reference"**
    - **Beschreibung**: Ein umfassender Leitfaden für medizinische Notfallversorgung unter Kriegs- und Katastrophenbedingungen.
4. **"The Disaster Preparedness Handbook" von Arthur T. Bradley**
    - **Beschreibung**: Ein praktisches Handbuch zur Vorbereitung auf verschiedene Katastrophenszenarien, einschließlich Naturkatastrophen und nuklearer Ereignisse.
5. **"Crisis Management: Planning for the Inevitable" von Steven Fink**
    - **Beschreibung**: Ein grundlegendes Werk über Krisenmanagement, das sich mit der Planung, Vorbereitung und Bewältigung von Krisensituationen befasst.
6. **"The Psychology of Nuclear Proliferation: Identity, Emotions, and Foreign Policy" von Jacques E. C. Hymans**
    - **Beschreibung**: Eine Untersuchung der psychologischen Faktoren, die die nukleare Proliferation beeinflussen, und wie diese verstanden und angegangen werden können.

Online-Ressourcen und Websites

1. **Bundesamt für Bevölkerungsschutz und Katastrophenhilfe (BBK)**
    - **Website**: www.bbk.bund.de
    - **Ressourcen**: Informationen zur Notfallvorsorge, Katastrophenhilfe und aktuelle Warnungen.
2. **Deutsches Rotes Kreuz (DRK)**
    - **Website**: www.drk.de

- Ressourcen: Erste-Hilfe-Kurse, Notfallhilfen und humanitäre Unterstützung.
3. **Internationale Atomenergie-Organisation (IAEA)**
    - **Website:** www.iaea.org
    - **Ressourcen:** Informationen zu Nuklearsicherheit, Strahlenschutz und friedlicher Nutzung der Kernenergie.
4. **Vereinte Nationen (UN)**
    - **Website:** www.un.org
    - **Ressourcen:** Berichte und Informationen zu globalen Sicherheitsfragen, Abrüstung und Konfliktvermeidung.
5. **World Health Organization (WHO)**
    - **Website:** www.who.int
    - **Ressourcen:** Gesundheitsinformationen und -richtlinien, insbesondere zu Krisen- und Notfallsituationen.
6. **Bundesministerium für Gesundheit (BMG)**
    - **Website:** www.bundesgesundheitsministerium.de
    - **Ressourcen:** Informationen zur Gesundheitsvorsorge und -versorgung in Krisenzeiten.
7. **Friedenskreis Halle e.V.**
    - **Website:** www.friedenskreis-halle.de
    - **Ressourcen:** Bildungsprogramme und Workshops zur Friedensbildung und Konfliktprävention.
8. **Center for Disease Control and Prevention (CDC)**
    - **Website:** www.cdc.gov
    - **Ressourcen:** Richtlinien zur Gesundheitsvorsorge und Reaktion auf biomedizinische und radiologische Notfälle.
9. **Technisches Hilfswerk (THW)**
    - **Website:** www.thw.de
    - **Ressourcen:** Informationen und Unterstützung bei technischen Hilfeleistungen und Katastropheneinsätzen.
10. **The Nuclear Threat Initiative (NTI)**
    - **Website:** www.nti.org
    - **Ressourcen:** Analysen und Berichte zu nuklearen Bedrohungen und globaler Sicherheit.

Fachartikel und wissenschaftliche Veröffentlichungen

1. **"The Effects of Nuclear Weapons" von Samuel Glasstone und Philip J. Dolan**

- Beschreibung: Ein umfassendes Nachschlagewerk über die Auswirkungen von Nuklearwaffen, einschließlich physikalischer, biologischer und medizinischer Effekte.
2. **"Nuclear War and Climatic Catastrophe: Some Policy Implications" von Alan Robock und Owen Brian Toon**
   - Beschreibung: Ein wissenschaftlicher Artikel, der die potenziellen klimatischen Auswirkungen eines Nuklearkriegs untersucht und politische Implikationen diskutiert.
3. **"Radiological and Nuclear Terrorism: Medical Response to Mass Casualties" von Annals of Emergency Medicine**
   - Beschreibung: Eine wissenschaftliche Veröffentlichung, die medizinische Reaktionsstrategien auf radiologische und nukleare Terrorismusereignisse behandelt.
4. **"Psychological First Aid: Field Operations Guide" von National Child Traumatic Stress Network**
   - Beschreibung: Ein Leitfaden zur psychologischen Ersten Hilfe, der Strategien zur Unterstützung von Menschen in Krisensituationen bietet.
5. **"The Role of Civil Society in Nuclear Non-Proliferation and Disarmament" von Matthew Bolton**
   - Beschreibung: Ein Artikel, der die Rolle der Zivilgesellschaft in der Förderung der nuklearen Nichtverbreitung und Abrüstung analysiert.

Beispiel für die Nutzung weiterführender Literatur und Ressourcen durch die Familie Müller

Familie Müller – Weiterbildung und Nutzung von Ressourcen

1. **Bücher und Fachliteratur**
   - **Erste-Hilfe-Handbuch**: Hans liest "Emergency War Surgery" und frischt seine Kenntnisse zur medizinischen Notfallversorgung auf.
   - **Friedenserziehung**: Sabine liest "The Psychology of Nuclear Proliferation" und teilt die Erkenntnisse mit ihrer Familie.
2. **Online-Ressourcen und Websites**

- **BBK-Website**: Die Familie nutzt die Website des BBK, um aktuelle Informationen zur Notfallvorsorge und Katastrophenhilfe zu erhalten.
- **DRK-Kurse**: Anna und Max nehmen an einem Erste-Hilfe-Kurs des Deutschen Roten Kreuzes teil.

3. **Fachartikel und wissenschaftliche Veröffentlichungen**
   - **Nuklearbedrohungen**: Hans liest den Artikel "Nuclear War and Climatic Catastrophe" und diskutiert die politischen Implikationen mit seiner Familie.
   - **Psychologische Erste Hilfe**: Sabine verwendet den Leitfaden "Psychological First Aid" zur Unterstützung ihrer Kinder in Krisensituationen.
4. **Gemeinschaftliche Nutzung**
   - **Informationsabende**: Die Familie organisiert Informationsabende in ihrer Nachbarschaft, um das Wissen über Notfallvorsorge und Friedensbildung zu teilen.
   - **Online-Kurse**: Sabine und Hans nehmen an Online-Kursen zu Strahlenschutz und Krisenmanagement teil.

Fazit

Weiterführende Literatur und Online-Ressourcen sind wertvolle Werkzeuge, um sich auf Notfälle vorzubereiten und langfristige Strategien zur Vermeidung von Konflikten zu entwickeln. Durch die Nutzung dieser Ressourcen können Sie Ihre Kenntnisse und Fähigkeiten erweitern, um sich und Ihre Familie besser zu schützen und aktiv zur Förderung von Frieden und Sicherheit beizutragen.

Checklisten und Notfallkarten

Checklisten und Notfallkarten sind wichtige Werkzeuge, um im Ernstfall schnell und effektiv handeln zu können. Sie helfen Ihnen, organisiert zu bleiben und sicherzustellen, dass Sie keine wichtigen Schritte oder Gegenstände übersehen. Hier sind einige detaillierte Checklisten und Notfallkarten, die Sie anpassen und verwenden können.

Nuklearer Schutz: Vorbereitung für Berlin

Checklisten für verschiedene Szenarien

1. **Allgemeine Notfall-Checkliste**

- **Wichtige Dokumente**:
    - Personalausweise/Reisepässe
    - Versicherungsdokumente
    - Medizinische Unterlagen
    - Bankinformationen
    - Notfallkontakte
- **Notfallausrüstung**:
    - Erste-Hilfe-Kit
    - Taschenlampe mit Ersatzbatterien
    - Radio (batteriebetrieben oder Kurbelradio)
    - Feuerlöscher
    - Mehrzweckwerkzeug
- **Lebensmittel und Wasser**:
    - Trinkwasser (mindestens 3 Liter pro Person pro Tag für 3 Tage)
    - Nicht verderbliche Lebensmittel (Konserven, Energieriegel, Trockenfrüchte)
    - Manuelle Dosenöffner
- **Kleidung und Schutz**:
    - Wechselkleidung für alle Familienmitglieder
    - Wetterfeste Kleidung
    - Schutzmasken (N95 oder besser)
    - Handschuhe
- **Kommunikation**:
    - Mobiltelefone und Ladegeräte (inkl. Powerbanks)
    - Notfall-Rufnummern
    - Notfallkarten mit Treffpunkten
- **Zusätzliche Gegenstände**:
    - Bargeld in kleinen Scheinen
    - Hygieneartikel (Toilettenpapier, Feuchttücher, Seife)
    - Persönliche Gegenstände (Brillen, Kontaktlinsen, Medikamente)

2. **Checkliste für nukleare Notfälle**

Nuklearer Schutz: Vorbereitung für Berlin

- **Schutzraum**:
  - Ausreichend Wasser- und Lebensmittelvorräte
  - Radioaktive Strahlungsmessgeräte (Geigerzähler)
  - Schutzkleidung und Atemschutzmasken
  - Abdichtmaterialien (Klebeband, Plastikfolie)
- **Dekontaminationsmittel**:
  - Seife und Wasser
  - Dekontaminationsmittel für Haut und Kleidung
  - Müllsäcke für kontaminierte Materialien
- **Kommunikation und Information**:
  - Notfallradio
  - NINA-App und Katwarn installiert und getestet
  - Liste mit wichtigen Telefonnummern (Rettungsdienste, Behörden)

3. **Evakuierungs-Checkliste**

- **Wichtige Gegenstände**:
  - Notfallrucksäcke für jedes Familienmitglied
  - Wichtige Dokumente und Bargeld
  - Lebensmittel und Wasser für mindestens 72 Stunden
  - Kleidung und Hygieneartikel
- **Fahrzeug**:
  - Vollgetanktes Auto
  - Notfallwerkzeug und Ersatzreifen
  - Straßenkarten und Navigationsgerät
- **Haustiere**:
  - Transportboxen und Leinen
  - Futter und Wasser
  - Veterinärunterlagen
- **Kommunikationsmittel**:
  - Mobiltelefone und Ladegeräte
  - Notfallkontakte und Treffpunkte
  - Notfallradio

Notfallkarten

1. **Familien-Notfallplan**

Nuklearer Schutz: Vorbereitung für Berlin

- **Treffpunkte**:
    - Primärer Treffpunkt (z.B. nahegelegene Schule oder Gemeindezentrum)
    - Sekundärer Treffpunkt (außerhalb des Wohngebiets)
- **Notfallkontakte**:
    - Name, Telefonnummer, E-Mail-Adresse von Familienmitgliedern und Freunden
    - Kontaktinformationen von Ärzten, Krankenhäusern und Versicherungen
- **Evakuierungsrouten**:
    - Routen aus dem Wohngebiet heraus
    - Alternative Routen für den Fall von Straßensperren

2. **Lokale Notfallkarte**

- **Wichtige Standorte**:
    - Nächstgelegene Krankenhäuser und Notfallkliniken
    - Polizei- und Feuerwachen
    - Schutzräume und Bunker
    - Sammelplätze und Evakuierungszentren
- **Routen und Verkehrsmittel**:
    - Hauptstraßen und alternative Wege
    - Öffentliche Verkehrsmittel (Buslinien, Bahnhöfe)
    - Parkplätze und Tankstellen

Beispiel-Checklisten und Notfallkarten für die Familie Müller

Familie Müller – Allgemeine Notfall-Checkliste

- **Wichtige Dokumente**:
    - Personalausweise, Reisepässe, Krankenversicherungskarten
    - Kopien der wichtigsten Dokumente in einem wasserdichten Behälter
- **Notfallausrüstung**:
    - Erste-Hilfe-Kit mit zusätzlichem Verbandsmaterial
    - Taschenlampen mit LED und Ersatzbatterien

Nuklearer Schutz: Vorbereitung für Berlin

- o UKW-Radio mit Kurbelantrieb
- o Feuerlöscher (ABC-Pulver)
- **Lebensmittel und Wasser**:
  - o 15 Liter Trinkwasser (für 3 Personen für 3 Tage)
  - o Konserven (Suppen, Bohnen), Energieriegel, Trockenfrüchte
  - o Manuelle Dosenöffner
- **Kleidung und Schutz**:
  - o Regenjacken, warme Kleidung, stabile Schuhe
  - o N95-Masken und Latexhandschuhe
- **Kommunikation**:
  - o Smartphones mit Powerbanks und Solarladegerät
  - o Liste mit Notfall-Rufnummern
  - o Laminierte Notfallkarten mit Treffpunkten und Routen

Familie Müller – Evakuierungs-Checkliste

- **Notfallrucksäcke**:
  - o Kleidung für 3 Tage, Hygieneartikel, persönliche Medikamente
  - o Wasserflaschen, Energieriegel, Multifunktionstool
- **Fahrzeug**:
  - o Vollgetanktes Auto mit Notfallwerkzeug, Ersatzreifen, Straßenkarten
  - o Erste-Hilfe-Kit, Decken, Taschenlampen
- **Haustiere**:
  - o Katzen-Transportbox, Futter, Wasser, Impfpass
- **Kommunikationsmittel**:
  - o Mobiltelefone, Ladegeräte, Powerbanks
  - o Notfallradio, wichtige Telefonnummern

Familie Müller – Notfallkarten

- **Familien-Notfallplan**:
  - o Primärer Treffpunkt: Schulhof der nächsten Grundschule
  - o Sekundärer Treffpunkt: Park am Stadtrand
  - o Notfallkontakte: Telefonnummern von Verwandten und Freunden, Arzt, Versicherungen
- **Lokale Notfallkarte**:

- Krankenhäuser: Universitätsklinikum, Städtisches Krankenhaus
- Polizei- und Feuerwachen: Hauptfeuerwache, Polizeipräsidium
- Schutzräume: Öffentlicher Bunker in der Nähe, U-Bahn-Station
- Evakuierungszentren: Sporthalle, Gemeindezentrum

Fazit

Checklisten und Notfallkarten sind unverzichtbare Werkzeuge zur Vorbereitung auf Notfälle. Sie helfen Ihnen, organisiert zu bleiben und sicherzustellen, dass Sie im Ernstfall alle notwendigen Schritte unternehmen. Durch regelmäßiges Überprüfen und Aktualisieren dieser Listen und Karten können Sie und Ihre Familie besser auf Krisensituationen vorbereitet sein.

13: Schlusswort
Zusammenfassung und Ermutigung

Liebe Leserinnen und Leser,

die Vorstellung eines nuklearen Angriffs ist eine der beängstigendsten Szenarien, die man sich vorstellen kann. Doch durch sorgfältige Vorbereitung und das Wissen um die richtigen Maßnahmen können wir unsere Überlebenschancen signifikant erhöhen und unsere Sicherheit verbessern. Dieses Buch hat Ihnen umfassende Informationen und praktische Ratschläge geliefert, um sich auf ein solches Ereignis vorzubereiten und effektiv zu reagieren.

Zusammenfassung

1. **Verstehen der Bedrohung**
    - Nuklearwaffen und ihre Auswirkungen wurden ausführlich erklärt, einschließlich der physikalischen und psychologischen Konsequenzen eines Angriffs. Dieses Wissen ist grundlegend, um die Dringlichkeit der Vorbereitung zu verstehen.
2. **Vorbereitung im Voraus**
    - Ein gut durchdachter Notfallplan, ausreichend Vorräte und eine klare Kommunikationsstrategie sind essenziell. Die Vorbereitung im Voraus bietet die beste Chance, eine Krise zu überstehen.
3. **Sicherheitsmaßnahmen zu Hause**
    - Die Einrichtung eines sicheren Raums, das Abdichten von Fenstern und Türen und der praktische Strahlenschutz helfen, die Auswirkungen eines Angriffs zu minimieren.
4. **Sofortmaßnahmen bei einem Angriff**
    - Schnelles Handeln und das Wissen um die richtigen Schritte, wie das Aufsuchen von Schutzräumen und der Schutz vor Strahlenbelastung, können lebensrettend sein.
5. **Überleben nach dem Angriff**
    - Die langfristige Sicherheit und Gesundheit, einschließlich der Dekontamination und der richtigen Zeit, den

Schutzraum zu verlassen, sind entscheidend für das Überleben und die Wiederherstellung.

6. **Technische Ausrüstung und ihre Nutzung**
   - Die richtige Auswahl und Anwendung von Strahlungsmessgeräten, Kommunikationsmitteln und Schutzkleidung sind unerlässlich für eine effektive Notfallbewältigung.

7. **Gemeinschaftliche Unterstützung**
   - Die Vernetzung mit Nachbarn und lokalen Gemeinschaften sowie die Koordination mit Behörden verstärken die Resilienz und bieten zusätzliche Ressourcen und Unterstützung.

8. **Psychologische Unterstützung und Traumabewältigung**
   - Die psychologische Gesundheit ist ebenso wichtig wie die physische Sicherheit. Langfristige Unterstützung und Traumabewältigung sind notwendig, um die Erlebnisse zu verarbeiten und weiterzugehen.

9. **Spezifische Überlebensstrategien für Berlin**
   - Die Nutzung öffentlicher Gebäude und Infrastruktur, das Wissen über Fluchtwege und sichere Zonen sowie spezifische Szenarien bieten angepasste Strategien für die Hauptstadt.

10. **Bildung und Training**
    - Regelmäßige Übungen, Schulungen und die Einbindung von Bildungseinrichtungen verbessern die Bereitschaft und das Wissen über Notfallmaßnahmen.

11. **Zukunftsplanung**
    - Langfristige Wiederherstellung und Aufbau, verbunden mit Strategien zur Vermeidung zukünftiger Konflikte, sichern eine nachhaltige und sichere Zukunft.

12. **Ressourcen und weiterführende Informationen**
    - Nützliche Kontakte, Anlaufstellen, weiterführende Literatur und Online-Ressourcen bieten wertvolle Hilfsmittel für die Vorbereitung und Krisenbewältigung.

Ermutigung

Abschließend möchten wir Ihnen Mut machen. Die Vorstellung eines nuklearen Angriffs ist erschreckend, aber Vorbereitung und Wissen sind die Schlüssel, um sich und Ihre Familie zu schützen. Jeder Schritt, den Sie zur Vorbereitung unternehmen, erhöht Ihre Sicherheit erheblich. Nutzen Sie die bereitgestellten Ressourcen, erstellen Sie Notfallpläne und üben Sie regelmäßig.

Es ist wichtig, sich daran zu erinnern, dass wir als Gemeinschaft stärker sind. Durch die Unterstützung und Vernetzung mit Nachbarn, Freunden und lokalen Gemeinschaften können wir gemeinsam Krisen bewältigen. Ihre Vorbereitung und Ihr Engagement sind von unschätzbarem Wert, um Ihre Familie zu schützen und die Widerstandsfähigkeit Ihrer Gemeinschaft zu erhöhen.

Bleiben Sie informiert, bleiben Sie vorbereitet und bleiben Sie zuversichtlich. Mit den besten Wünschen für Ihre Sicherheit und Gesundheit,

Ihr Team für Notfallvorsorge und Krisenbewältigung

Der Wert der Vorbereitung

Liebe Leserinnen und Leser,

in diesem Buch haben wir uns intensiv mit den Herausforderungen und Maßnahmen befasst, die nötig sind, um sich auf das Unvorstellbare vorzubereiten: einen nuklearen Angriff. Die Informationen und Strategien, die wir vorgestellt haben, sollen Ihnen nicht nur Wissen, sondern auch Sicherheit und Vertrauen in Ihre Fähigkeit geben, solch eine Krise zu bewältigen. Der Wert der Vorbereitung kann nicht hoch genug eingeschätzt werden, und hier möchten wir Ihnen nochmals die wichtigsten Gründe und Anreize dafür näherbringen.

Sicherheit und Überlebensfähigkeit

Die Hauptmotivation für eine gründliche Vorbereitung ist die Erhöhung der eigenen Sicherheit und Überlebensfähigkeit. In einer Krisensituation können gut vorbereitete Menschen schneller und effektiver handeln. Sie wissen, wo sie Schutz finden, wie sie ihre Vorräte nutzen und welche Schritte sie unternehmen müssen, um sich und ihre Lieben zu schützen. Dies reduziert die Panik und ermöglicht klarere Entscheidungen in kritischen Momenten.

Selbstvertrauen und Ruhe

Vorbereitung schafft Selbstvertrauen. Wenn Sie und Ihre Familie Notfallpläne entwickelt und geübt haben, wissen Sie, dass Sie nicht hilflos sind. Dieses Wissen gibt Ihnen ein Gefühl der Kontrolle und Ruhe, selbst in einer potenziell chaotischen Situation. Durch regelmäßige Übungen und Schulungen stärken Sie Ihr Selbstvertrauen und das Ihrer Familienmitglieder.

Schutz Ihrer Familie und Gemeinschaft

Durch die Vorbereitung schützen Sie nicht nur sich selbst, sondern auch Ihre Familie und Ihre Gemeinschaft. Notfallpläne, Vorräte und das Wissen um die richtigen Maßnahmen erhöhen die Überlebenschancen aller Beteiligten. Indem Sie Ihre Nachbarn einbeziehen und gemeinsam Pläne entwickeln, schaffen Sie ein Netzwerk der Unterstützung, das im Notfall entscheidend sein kann.

Reduktion von Schäden und Verlusten

Gut vorbereitete Menschen können Schäden und Verluste minimieren. Sei es durch den rechtzeitigen Schutz vor Strahlung, die Vermeidung von Verletzungen durch richtige Erste-Hilfe-Maßnahmen oder den Schutz wichtiger Dokumente und Habseligkeiten. Vorbereitung hilft, die Auswirkungen einer Krise zu mildern und die Erholungszeit zu verkürzen.

Vorbildfunktion und Verantwortungsbewusstsein

Durch Ihre Vorbereitung übernehmen Sie Verantwortung und dienen als Vorbild für andere. Ihre Bemühungen können dazu beitragen, das

Bewusstsein in Ihrer Gemeinschaft zu erhöhen und andere zu motivieren, ebenfalls Vorsorge zu treffen. Dies schafft eine Kultur der Sicherheit und des Verantwortungsbewusstseins, die weit über Ihre unmittelbare Umgebung hinauswirken kann.

Langfristige Resilienz

Die Vorbereitung auf eine Krise fördert die langfristige Resilienz. Sie lernen Fähigkeiten und entwickeln Strategien, die nicht nur in einer nuklearen Bedrohungssituation, sondern auch in anderen Notfällen nützlich sind. Resilienz bedeutet, in der Lage zu sein, sich von Rückschlägen zu erholen und gestärkt daraus hervorzugehen.

Ein abschließender Gedanke

Wir hoffen, dass dieses Buch Ihnen nicht nur Wissen und praktische Ratschläge vermittelt hat, sondern auch die Bedeutung und den Wert der Vorbereitung verdeutlicht hat. Jede Maßnahme, die Sie ergreifen, jede Übung, die Sie durchführen, und jedes Stück Wissen, das Sie erwerben, bringt Sie einen Schritt näher zu mehr Sicherheit und Zuversicht in einer unsicheren Welt.

Machen Sie die Vorbereitung zu einem integralen Bestandteil Ihres Lebens. Teilen Sie Ihr Wissen, arbeiten Sie mit anderen zusammen und bleiben Sie informiert. Ihre Anstrengungen sind nicht nur für Sie selbst, sondern auch für Ihre Familie, Ihre Gemeinschaft und die zukünftigen Generationen von unschätzbarem Wert.

Mit den besten Wünschen für Ihre Sicherheit und Gesundheit,

Ihr Team für Notfallvorsorge und Krisenbewältigung

Durch Ihre Vorbereitung und Ihr Wissen können Sie sicherstellen, dass Sie und Ihre Familie auf alles vorbereitet sind. Gemeinsam können wir eine sicherere und widerstandsfähigere Gemeinschaft aufbauen.

Hoffnung und Gemeinschaftsgeist

Liebe Leserinnen und Leser,

inmitten der Herausforderungen und Ängste, die mit der Vorbereitung auf einen nuklearen Angriff verbunden sind, dürfen wir nicht vergessen, dass Hoffnung und der Gemeinschaftsgeist uns die größte Stärke verleihen. Diese beiden Elemente sind entscheidend, um in Zeiten der Krise nicht nur zu überleben, sondern auch zusammenzuwachsen und gestärkt daraus hervorzugehen.

Die Kraft der Hoffnung

Hoffnung ist ein mächtiges Werkzeug. Sie gibt uns die Kraft, in schwierigen Zeiten weiterzumachen und nach Lösungen zu suchen. Hoffnung bedeutet, dass wir trotz der Bedrohung durch eine nukleare Krise an eine bessere Zukunft glauben. Durch die Vorbereitung auf das Schlimmste bereiten wir uns auch darauf vor, das Beste zu schaffen. Diese optimistische Einstellung hilft uns, positiv zu bleiben und uns auf das zu konzentrieren, was wir kontrollieren können.

- **Resilienz durch Hoffnung**: Hoffnung stärkt unsere Resilienz, indem sie uns motiviert, uns vorzubereiten und durchzuhalten. Sie gibt uns die geistige und emotionale Kraft, die notwendig ist, um Herausforderungen zu meistern.
- **Motivation zur Vorbereitung**: Die Hoffnung auf eine sichere Zukunft motiviert uns, die notwendigen Schritte zur Vorbereitung zu unternehmen. Sie erinnert uns daran, dass unsere Bemühungen nicht vergeblich sind, sondern dazu beitragen, unser Leben und das Leben unserer Lieben zu schützen.

Der Gemeinschaftsgeist

Gemeinschaftsgeist ist die kollektive Kraft, die entsteht, wenn Menschen zusammenarbeiten und sich gegenseitig unterstützen. In Krisenzeiten ist dieser Geist von unschätzbarem Wert. Eine starke

Gemeinschaft kann Ressourcen teilen, sich gegenseitig trösten und gemeinsam Lösungen finden.

- **Vernetzung und Unterstützung**: Durch die Vernetzung mit Nachbarn und lokalen Gemeinschaften schaffen wir ein Unterstützungsnetzwerk, das in Krisenzeiten unverzichtbar ist. Diese Netzwerke ermöglichen es uns, Informationen schnell zu teilen und gemeinsam auf Herausforderungen zu reagieren.
- **Geteilte Ressourcen und Wissen**: Gemeinschaften können Ressourcen wie Lebensmittel, Wasser und medizinische Versorgung teilen. Gemeinsame Notfallpläne und Übungen erhöhen die Sicherheit aller Mitglieder.
- **Psychologische Unterstützung**: Der Gemeinschaftsgeist bietet auch emotionale und psychologische Unterstützung. Das Wissen, dass wir nicht allein sind, hilft uns, Ängste und Stress besser zu bewältigen.

Gemeinsam stark

Die Vorbereitung auf eine Krise ist nicht nur eine individuelle Aufgabe, sondern eine gemeinschaftliche Verantwortung. Durch die Zusammenarbeit mit anderen können wir nicht nur unsere eigene Sicherheit erhöhen, sondern auch die Sicherheit unserer Gemeinschaft verbessern. In einer starken, gut vorbereiteten Gemeinschaft fühlen sich die Menschen sicherer und sind besser in der Lage, mit den psychischen und physischen Herausforderungen einer Krise umzugehen.

- **Gemeinsame Übungen und Pläne**: Regelmäßige gemeinsame Übungen und Notfallpläne erhöhen die Effizienz und Effektivität der Reaktionen auf eine Krise.
- **Unterstützung schutzbedürftiger Personen**: Gemeinschaften können besonders gefährdete Personen wie ältere Menschen, Kinder und Menschen mit Behinderungen besser unterstützen.

Ein abschließender Gedanke

Nuklearer Schutz: Vorbereitung für Berlin

Während wir uns auf das Schlimmste vorbereiten, dürfen wir nie die Hoffnung und den Gemeinschaftsgeist verlieren. Diese beiden Elemente sind unsere größten Stärken in Zeiten der Unsicherheit. Hoffnung gibt uns die Kraft weiterzumachen, und der Gemeinschaftsgeist sorgt dafür, dass wir nicht allein sind.

Indem wir gemeinsam an unserer Vorbereitung arbeiten, schaffen wir eine Kultur der Resilienz und Sicherheit. Wir können darauf vertrauen, dass wir durch Zusammenarbeit und gegenseitige Unterstützung jede Herausforderung meistern können.

Mit den besten Wünschen für Ihre Sicherheit, Gesundheit und das Wohl Ihrer Gemeinschaft,

Ihr Team für Notfallvorsorge und Krisenbewältigung

Durch Ihre Vorbereitung und Ihr Wissen können Sie sicherstellen, dass Sie und Ihre Familie auf alles vorbereitet sind. Gemeinsam können wir eine sicherere und widerstandsfähigere Gemeinschaft aufbauen. Bleiben Sie informiert, bleiben Sie vorbereitet und bleiben Sie zuversichtlich.

www.ingramcontent.com/pod-product-compliance
Lightning Source LLC
Chambersburg PA
CBHW050059230526
45470CB00004B/1596